Allgemeine Botanik Pilzkunde und Hefereinzucht für Brauer

Von

Dr. H. Roß

Konservator am Botanischen Museum, Lehrer an der
Lehr- und Versuchsanstalt für Brauer in München

Mit 35 Abbildungen im Text

Zweite, neu bearbeitete Auflage

München und Berlin 1920
Druck und Verlag von R. Oldenbourg

Vorwort.

Die neue Auflage enthält mancherlei Verbesserungen und Veränderungen, welche sich durch die praktische Erfahrung nach mehr als 20 jähriger Lehrtätigkeit oder durch neue wissenschaftliche Forschungen ergeben haben. Da der angehende Brauer nur einen kleinen Teil seiner vielseitigen Ausbildung der Botanik widmen kann, ging mein Bestreben dahin, den Stoff in dem vorliegenden Buche auf das Wichtigste und unbedingt Notwendige zu beschränken. Infolgedessen wurde die Darstellung in einzelnen unter sich unabhängigen Abschnitten gewählt. Besonders der die allgemeine Botanik enthaltende Teil ist gänzlich neu bearbeitet und besser dem Bedürfnis des Brauers angepaßt worden. Ferner ist die botanische Beschreibung der Gerste hineinbezogen worden. Der Abschnitt Hefereinzuchtapparat ist von Herrn Dr. Doemens verfaßt. Von einer Vermehrung der Abbildungen wurde auch diesmal Abstand genommen, da gute Wandtafeln wohl überall zur Verfügung stehen, außerdem durch Zeichnen an der Tafel alles Notwendige gezeigt werden kann und sich durch das Nachzeichnen den Hörern noch besser einprägt. Ferner wird dadurch auch vermieden, daß im mikroskopischen Praktikum die nach den Präparaten anzufertigenden Zeichnungen beeinflußt werden.

Einige Abbildungen von Geräten und Präparaten wurden von den Firmen Dr. Bender & Dr. Hobein und Wagner & Munz freundlichst zur Verfügung gestellt.

München, Februar 1920.

Dr. H. Roß.

Inhaltsübersicht.

Einleitung.

§ 1. Man unterscheidet in der Natur leblose und belebte Körper oder Organismen. Die leblose Natur baut sich auf aus kleinsten Teilchen von gleicher Beschaffenheit (Atome, Moleküle), welche sich im allgemeinen nicht verändern. Die Lebewesen dagegen bestehen aus Zellen, welche beständigen Veränderungen unterworfen sind durch Wachstum, Atmung, Ernährung, Stoffwechsel, Ausscheidung usw.

Die höheren Pflanzen (Gerste, Hopfen) bauen sich auf aus zahllosen sehr verschieden gestalteten und beschaffenen Zellen, welche meist in bestimmter Weise zu Geweben vereinigt sind. Unter den niederen Pflanzen dagegen gibt es viele, welche aus wenigen oder auch nur aus einer Zelle (einzellige Lebewesen) bestehen; sie sind dann meist so klein, daß man sie nur mit Hilfe des Mikroskops wahrnehmen kann (Mikroorganismen, Kleinlebewesen), z. B. Hefe, Bakterien.

Man teilt die Lebewesen ein in Pflanzen und Tiere. Mit ersteren beschäftigt sich die Pflanzenkunde (Botanik), mit letzteren die Tierkunde (Zoologie). Das Tierreich kommt hier nicht in Betracht. Die für das Brauereigewerbe wichtigsten Rohstoffe sowie die Pilze, welche die Gärung bedingen, die Bierkrankheiten usw. erzeugen, gehören zum Pflanzenreich. Daher ist es notwendig, einiges über den inneren Bau der Pflanzen (Anatomie), die Lebensvorgänge (Physiologie), die äußere Gestalt (Morphologie), über die Einteilung des Pflanzenreichs und die Merkmale und Benennung der einzelnen in Betracht kommenden Pflanzen (Systematik) kennenzulernen. Eine eingehende Behandlung aller dieser Abschnitte ist für den angehenden Brauer nicht nötig und auch nicht möglich, weil zu umfangreich. Wir müssen uns hier auf das beschränken, was zum Verständnis der wichtigsten Vorgänge im Brauereigewerbe unbedingt erforderlich ist. Die einzelnen Gegenstände werden daher als besondere, für sich möglichst selbständige Kapitel behandelt.

I. Das Mikroskop.

§ 2. Für das Verständnis der Rohstoffe sowie der Mikroorganismen, ebenso bei der Betriebskontrolle und bei den botanischen Arbeiten im Laboratorium, wird das Mikroskop beständig gebraucht. Daher muß der Brauer sich mit der Handhabung dieses Instrumentes vertraut machen.

Es folgen zunächst kurze . Beschreibungen der hauptsächlichsten Teile desselben, einige Angaben über die wichtigsten hier in Betracht kommenden Gesetze der Strahlenbrechung, das Verhalten der verschiedenen Linsen usw. Ausführliches bietet jedes allgemeine Lehrbuch der Physik. Es handelt sich hier auch darum, die dem Anfänger am meisten auffallende Erscheinung zu erklären, daß man im Mikroskop den zu beobachtenden Gegenstand u m - g e k e h r t sieht.

1. Allgemeines.

Das Mikroskop[1]) besteht aus dem Stativ mit dem Objekttisch, dem Beleuchtungsapparat und verschiedenen Linsen (Fig. 1).

Die am oberen Ende des Mikroskoprohres (lateinisch *tubus*), also dem Auge (lateinisch *oculus*) zunächst befindliche Linse heißt O k u l a r; die untere, dem zu betrachtenden Gegenstand (Objekt) zunächststehende Linse heißt O b j e k t i v.

Das Wichtigste am Mikroskop ist das Objektiv, weil dieses hauptsächlich die Vergrößerung herbeiführt. Es besteht aus mehreren aplanatischen Doppellinsen und bringt ein umgekehrtes, stark vergrößertes Bild des Gegenstandes hervor (§ 4), welches durch das Okular nochmals vergrößert wird. Objektiv und Okular sind mit Buchstaben oder Nummern, von den schwächeren zu den stärkeren fortlaufend, versehen. Man benutzt soweit als möglich schwache Okulare, da die stärkeren immer größer werdende Dunkelheit des Gesichtsfeldes bedingen.

Jedem Mikroskop wird von der Fabrik eine Tabelle beigefügt, welche die Vergrößerung je nach den verschiedenen Zusammenstellungen von Objektiv und Okular angibt, z. B.:

Vergrößerung bei 170 mm Tubuslänge und 250 mm Bildweite					
Objektiv	Okular				Wert d. Okular-Mikrometers
	I	III	IV	V	
3 .	57	60	100	140	0,008
5	190	280	345	420	0,0024
7	370	525	625	770	0,0013

Die Erklärung der letzten Rubrik, Wert des Okular-Mikrometers, findet sich in § 7.

---

[1]) *Mikros* (griechisch) klein; *skopeo* (griechisch) ich sehe.

Für mikroskopische Gegenstände dient als Maßeinheit das Mikromillimeter = 0,001 mm; als Zeichen hierfür gilt der griechische Buchstabe m = μ (sprich mü). Man gibt für wissenschaftliche

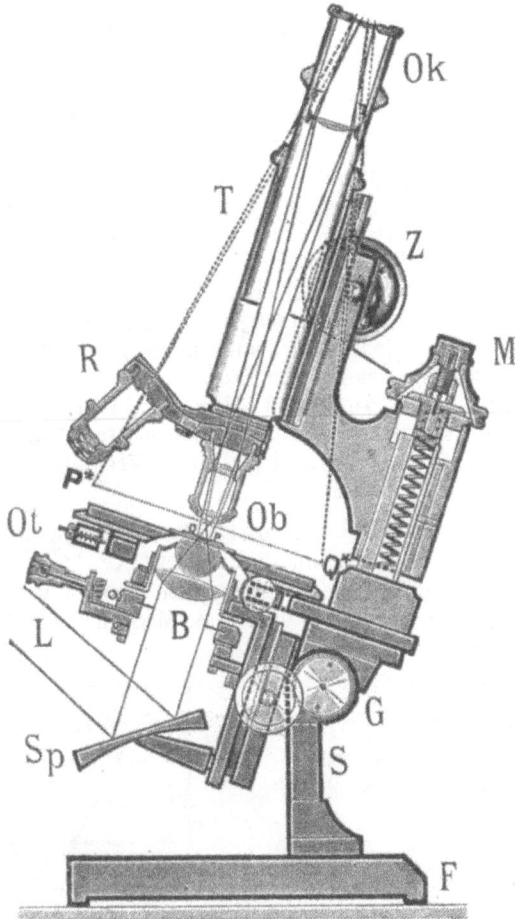

Fig. 1. Schematischer Längsschnitt nebst Strahlengang eines größeren Mikroskops von E. Leitz, Wetzlar.

Ok Okular, T Tubus (Mikroskoprohr), Z Zahn und Trieb zur groben Einstellung, M Mikrometerschraube, Ob Objektiv, R Revolver, Ot Objekttisch, B Beleuchtungsapparat, G Gelenk zum Umlegen, S Säule, Sp Spiegel, L Lichtstrahlen, F Fuß.

Zwecke stets nur lineare Vergrößerungen an. Eine Hefezelle von 8 μ z. B. erscheint bei 100facher Vergrößerung 0,8 mm lang. Dies entspricht einer Flächenvergrößerung von 100 = 10000 und einer kubischen Vergrößerung von 100 = 1000000. Über die Ausführung des Messens vgl. § 7.

1*

Um mehrere Objektive am Tubus anbringen zu können, gibt es eine besondere Einrichtung, Revolver genannt. Derselbe ermöglicht ein rasches Wechseln der Objektive, welche so eingerichtet sind, daß sie unmittelbar das scharfe Bild des Gegenstandes geben.

Zur Beleuchtung durchsichtiger Objekte dient ein unter der Öffnung des Objekttisches befindlicher Spiegel, welcher die Lichtstrahlen in das Mikroskop wirft. Derselbe ist nach allen Seiten verstellbar und hat eine ebene und eine hohle Seite. Die Lichtstrahlen werden von dem Spiegel durch die im Objekttisch befindliche Öffnung auf den zu untersuchenden Gegenstand geworfen, welcher so sichtbar wird. Die Öffnung im Objekttisch ist sehr groß und muß durch Blenden (Diaphragmen) je nach der Stärke der Vergrößerung verringert werden. Teure Stative sind mit einem besonderen Beleuchtungsapparat nebst Irisblende versehen, der für stärkere Vergrößerungen fast unentbehrlich ist.

Größere Instrumente besitzen stets ein Zahnrad und Triebwerk zur gröberen Einstellung; andernfalls geschieht dieses durch Auf- oder Abwärtsbewegung des Tubus mit der Hand. An dem Stativ befindet sich außerdem eine Schraube, Mikrometerschraube, zur feineren Regulierung des Abstandes zwischen dem Objektiv und dem zu beobachtenden Gegenstand, bis derselbe scharf und deutlich sichtbar wird.

§ 3. Zum Verständnis der optischen Vorgänge im Mikroskop mögen folgende kurze Angaben dienen:

Senkrecht auffallende Lichtstrahlen erleiden beim Übergang von einem dünneren in ein dichteres Medium keine Ablenkung

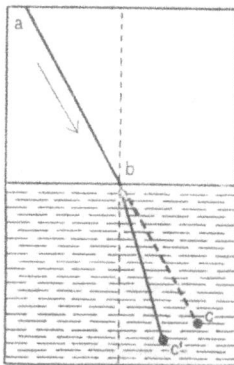

Fig. 2. Brechung eines Lichtstrahles beim Übergang aus einem dünneren in ein dichteres Medium.

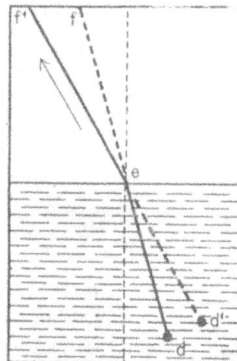

Fig. 3. Brechung eines Lichtstrahles beim Übergang aus einem dichteren in ein dünneres Medium.

von ihrer Richtung. Ein schräg auffallender Lichtstrahl (Fig. 2 a b) dagegen setzt sich dann nicht gerade fort (Fig. 2 b c), sondern ändert seine Richtung, er wird gebrochen, und zwar auf das Einfallslot zu (Fig. 2 b c[1]). Einfallslot heißt die auf dem Einfallspunkte b errichtete Senkrechte. Beim Übergang aus einem dichteren in ein dünneres Medium wird der Lichtstrahl (Fig. 3 d e) vom Einfallslote weg gebrochen. (Fig. 3 e f[1]). Ein im Wasser befindlicher Gegenstand scheint daher höher zu liegen, als es in Wirklichkeit der Fall ist; d erscheint bei d[1].

Auf Lichtbrechung beruht auch die Wirkung der optischen Glaslinsen. Dieselben haben verschiedene Formen (Fig. 4). Die Flächen können eben (plan) oder kugelförmig sein. Letztere sind

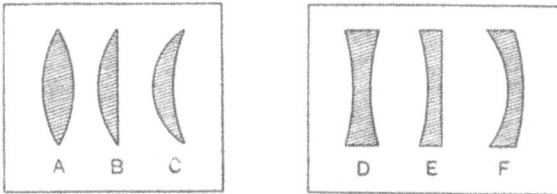

Fig. 4. Verschiedene Formen der Glaslinsen.
A—C Sammellinsen; D—F Zerstreuungslinsen.

entweder emporgewölbt (konvex) oder ausgehöhlt gewölbt (konkav). Dementsprechend bezeichnet man die Linsen als bikonvex (Fig. 4A), plankonvex (Fig. 4B), konkav-konvex (Fig. 4C), bikonkav (Fig. 4D), plankonkav (Fig. 4E), konvex-konkav (Fig. 4F). Die drei ersten sind Sammellinsen oder Vergrößerungsgläser, die drei letzten Zerstreuungslinsen oder Verkleinerungsgläser.

Alle parallel auf bikonvexe Linsen auffallenden Strahlen werden so gebrochen, daß sie jenseits der Linse zusammenneigen und sich in einem Punkte, dem Brennpunkte (lateinisch *focus*),

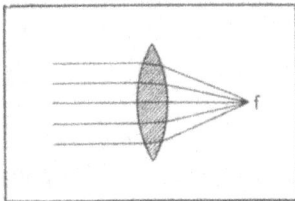

Fig. 5. Sammellinse. f Brennpunkt.   Fig. 6. Zerstreuungslinse.

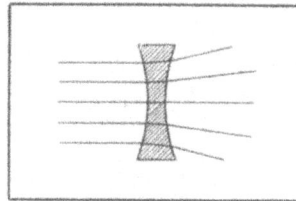

vereinigen (Fig. 5). Deshalb heißen sie Sammellinsen. Die Entfernung des Brennpunktes von der Linse ist ihre Brennweite. Bei den bikonkaven Linsen dagegen weichen die parallel auffallenden und aus denselben austretenden Lichtstrahlen auseinander (Fig. 6). Daher heißen sie Zerstreuungslinsen.

Die von einem außerhalb der Brennweite liegenden Gegenstand (Fig. 7), dem Pfeile A B, auf eine bikonvexe Linse schräg auffallenden Lichtstrahlen gehen durch den Mittelpunkt der Linse und setzen sich jenseits derselben in gleicher Richtung fort, der Punkt A bis zum Punkte A^1, der Punkt B bis zum Punkte B^1. Ebenso kommen die zwischen A und B liegenden Punkte zwischen A^1 und B^1 zu liegen. Auf diese Weise entsteht von dem Pfeile AB jenseits der Linse ein umgekehrtes vergrößertes Bild B^1A^1. So verhält sich das Objektiv des Mikroskopes.

Von einem innerhalb der Brennweite gelegenen Gegenstand (Fig. 8), dem Pfeile AB, sieht das von der anderen Seite der

Fig. 7. Optischer Vorgang bei dem Objektiv.

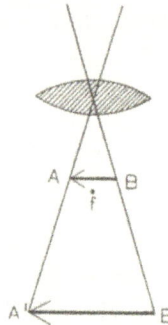

Fig. 8. Optischer Vorgang bei dem Okular.

Linse beobachtende Auge in größerer Entfernung von der Linse auf derselben Seite, wo der Gegenstand liegt, ein nichtumgekehrtes vergrößertes Bild $A^1 B^1$. So verhält sich das Okular des Mikroskops und jedes Vergrößerungsglas (Lupe).

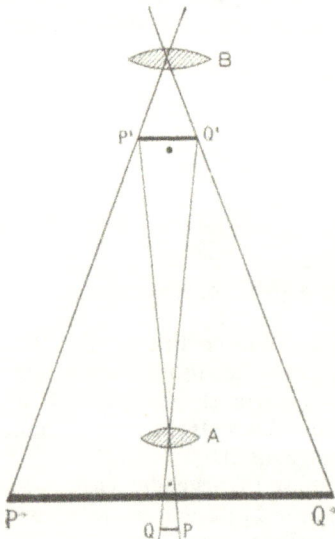

§ 4. Der optische Vorgang beim Mikroskop ist folgender (Fig. 9): Der zu beobachtende Gegenstand QP liegt außerhalb der Brennweite der Objektivlinse A. Das von letzterer entworfene umgekehrte vergrößerte Bild P^1Q^1 fällt innerhalb der Brennweite der Okularlinse B. Das durch das Objektiv vergrößerte umgekehrte Bild wird daher von dem wie ein einfaches Vergrößerungsglas wirkenden Okular nochmals, und zwar in derselben Lage vergrößert, bleibt also umgekehrt, $P^* Q^*$.

Die Vergrößerung wird um so bedeutender, je stärker die Wölbung der Linse ist. Stark gewölbte Linsen besitzen jedoch optische Nachteile (sphärische und chromatische Aberration). Dieselben werden teils durch Abblenden der Randstrahlen be-

Fig. 9. Optischer Vorgang beim Mikroskop. A Objektiv, B Okular.

seitigt, teils dadurch daß man statt einer stark gewölbten mehrere schwach gewölbte Linsen verwendet. Die Vereinigung mehrerer Linsen, bei denen die optischen Nachteile möglichst beseitigt sind, nennt man ein aplanatisches Linsensystem.

Bei apochromatischen Objektiven sind auch die letzten Reste der chromatischen Aberration beseitigt; sie sind wesentlich teurer, geben aber auch klarere und deutlichere Bilder als die üblichen Objektive. Durch die dazugehörigen Kompensations-okulare werden auch noch vorhandene sphärische Aberrationen aufgehoben.

Bei starken Vergrößerungen entstehen auch dadurch Nach-teile, daß die aus dem Deckglas in die sehr stark abgeblendete Ob-jektivlinse eintretenden Lichtstrahlen zu stark seitlich gebrochen werden (Fig. 10). Um dies zu vermeiden wird zwischen die äußerste Linse des Objektivs und das Deckglas ein Tropfen einer Flüssigkeit

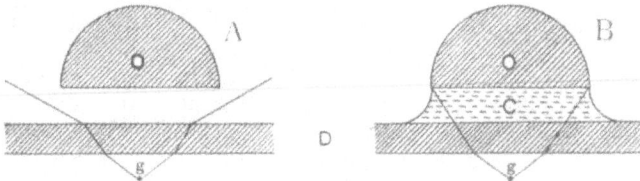

Fig. 10. Schematische Darstellung der Strahlenbrechung
bei Immersionssystemen.
A ohne, *B* mit Zedernholzöl *C*; *O* Objektiv, *D* Deckglas, *g* Gegenstand.

gebracht. Solche Objektive bezeichnet man als Immersions-systeme[1]) oder Eintauchlinsen. Bei den schwächeren kann man Wasser verwenden; die stärkeren sind sogenannte homogene Immersionssysteme, das sind solche Objektive, bei denen eine Flüssigkeit mit gleicher Lichtbrechung wie die des Glases, z. B. Zedernholzöl, verwendet werden muß.

§ 5. Beim Ankauf eines Mikroskops wende man sich, stets an einen Fachmann oder an ein Spezialgeschäft. Die großen Fa-briken bringen nur sorgfältig geprüfte und tadellose Instrumente in den Handel. Man hüte sich vor Gelegenheitskäufen, ohne das Urteil eines Sachverständigen zu hören.

Wer nicht in der Lage ist, sich ein mit starken Vergrößerungen ausgerüstetes Instrument sogleich beschaffen zu können, lege zuerst Wert darauf, ein gutes Stativ und schwächere Vergrößerungen sich anzuschaffen. Nach und nach können dann stärkere Objektive und Okulare sowie die notwendigen Nebenapparate erworben werden. Für die gewöhnlichen Arbeiten reicht etwa die 600fache Vergröße-rung aus; für genauere Untersuchungen der Bakterien ist 1000fache oder noch stärkere Vergrößerung vielfach erforderlich.

---

[1]) *Immersus* (lateinisch) eingetaucht.

Ein gutes Instrument bedarf sorgfältiger Behandlung. Man bewahre dasselbe stets in dem dazu gehörigen Kasten oder unter Glasglocke auf. Staub ist sehr schädlich, ebenso das Stehen in der Sonne. Man faßt das Mikroskop am besten an der Säule unter dem Objekttisch an.

Falls ein Mikroskop irgendeinen Schaden erlitten hat, nicht richtig funktioniert oder kein gutes klares Bild gibt, sende man das Instrument stets an die Fabrik zur Kontrolle bzw. Ausbesserung. Man sollte im allgemeinen niemals Teile ab- oder· auseinanderschrauben, da es außerordentlich schwierig ist, dieselben wieder an den richtigen Platz zu bringen. Die kleinste Ungenauigkeit kann unter Umständen die Unbrauchbarkeit des Instrumentes herbeiführen. Nur die Okularlinsen darf man zum Zwecke der Reinigung abschrauben.

Alle Schrauben müssen leicht beweglich sein. Das Fallenlassen von Objektiven kann für diese sehr schädlich werden. Vor und nach dem Gebrauch ist das Mikroskop stets sorgfältig zu reinigen und besonders darauf zu achten, ob Objektiv und Okular völlig frei von Staub sind. Falls ein Objektiv mit Flüssigkeiten, besonders scharfen Reagentien, in Berührung gekommen ist, muß dasselbe vorsichtig mit Wasser abgespült, mit großer Sorgfalt gereinigt und mit Fließpapier oder einem sauberen Lappen abgetrocknet werden. Dies gilt besonders für die Immersionssysteme.

2. Gebrauch des Mikroskops.

§ 6. Das Mikroskop wird in einiger Entfernung (½ bis 1 m) vom Fenster oder von der künstlichen Lichtquelle aufgestellt, das Objektiv angeschraubt und das Okular eingesetzt, falls dieselben nicht dauernd an dem Instrument verbleiben. Man benutzt am besten für alle Untersuchungen zunächst schwache, d. h. etwa 80- bis 100fache Vergrößerung. Dann wird eingestellt. Direktes Sonnenlicht ist für die Augen schädlich; blauer Himmel oder helle Wolken sind am günstigsten. Bilder von Fensterkreuzen usw. sind möglichst zu vermeiden. Bei Benutzung von Lampenlicht empfiehlt es sich, eine blaue Glasscheibe in die Öffnung des Objekttisches zu legen oder das Licht durch eine Kupfersulfatlösung gehen zu lassen. Der Planspiegel wird im allgemeinen bei schwächerer, der Hohlspiegel bei stärkerer Vergrößerung verwendet oder die Irisblende wird entsprechend gestellt.

Man bringt dann das Präparat in die Mitte der Öffnung des Objekttisches und beginnt einzustellen, d. h. das Objektiv in die richtige Entfernung von dem Objekt zu bringen. Bis zu einem gewissen Grade kann man dies, von der Seite sehend, tun, da für jedes Objektiv die Entfernung eine bestimmte ist (§ 3). Mit Rücksicht auf die bei stärker vergrößernden Linsen immer kürzer werdende Brennweite muß der Abstand zwischen dem Objektiv und dem zu beobachtenden Gegenstand um so geringer werden, je stärker die Vergrößerung ist; bei schwachen Vergrößerungen ist der Abstand etwa 10 mm, bei stärkeren etwa 1 mm oder weniger.

Die Stärke eines Objektivs läßt sich ungefähr beurteilen nach der Größe des sichtbaren Teiles seiner äußersten Linse. Bei schwächeren Vergrößerungen ist dieser sichtbare Teil verhältnismäßig groß; je stärker dieselben sind, desto kleiner ist er, fast punktförmig bei den stärksten.

Dann nähert man, von der Seite sehend, das Objektiv dem Deckgläschen bis über den Normalabstand hinaus. Darauf sieht man durch das Okular, kontrolliert nochmals, ob durch den Spiegel die größtmögliche Helligkeit erreicht wird und entfernt nun entweder durch langsame und gleichmäßig drehende Bewegung des Tubus oder vermittelst des bei den größeren Stativen zu diesem Zweck angebrachten Zahnrades das Objektiv von dem Gegenstande so lange, bis das Bild desselben erscheint. Zuletzt stellt man mit der Mikrometerschraube genau ein, bis alle Einzelheiten scharf und deutlich sichtbar sind. Bei stärkerer Vergrößerung ist besondere Vorsicht hierbei notwendig, da sonst leicht das Objektiv auf das Deckglas gestoßen und dieses zerbrochen wird; vielfach wird das Präparat dabei zerquetscht, auch kann das Objektiv beschädigt werden.

§ 7. Das Messen mikroskopisch kleiner Gegenstände (z. B. die Länge einer Hefezelle) geschieht am einfachsten mit Hilfe eines Mikrometerokulars, welches bei einem gut ausgerüsteten Mikroskop nicht fehlen sollte. In der Mitte eines solchen Okulars befindet sich eine Skala mit 80 bis 100 Teilstrichen, ähnlich wie bei einem Maßstabe. Je nach der Vergrößerung haben die Teilstriche bestimmte Werte. Die Tabelle, welche jedem Mikroskop beigegeben wird (§ 2), enthält auch genaue Angaben über die realen Werte dieser Teilstriche bei den verschiedenen Vergrößerungen. Stellt man bei starker Vergrößerung die Skala z. B. genau über einer Hefezelle ein, so findet man, daß diese Zelle sich über 3,5 Teilstriche erstreckt. Der Raum zwischen 2 Teilstrichen beträgt bei dieser Vergrößerung 2,4 μ: die Hefezelle ist also 2,4 × 3,5 = 8,4 μ lang.

3. Wichtigste Hilfsmittel bei den mikroskopischen Arbeiten.

§ 8. Objektträger. — Eine rechteckige Platte aus möglichst fehlerfreiem weißem Glase, auf dessen Mitte das Präparat gelegt wird. Man unterscheidet englisches Format (76 × 26 mm), Gießner Format (48 × 28 mm) usw. Für verschiedene Pilzkulturen sind Objektträger erforderlich, welche in der Mitte eine Vertiefung haben.

Deckgläser. — Dünne quadratische Glasplättchen zum Bedecken des in Flüssigkeit eingelegten Präparates. Bei schwacher Vergrößerung ist ein Deckglas entbehrlich, bei starker unbedingt notwendig, um zu verhindern, daß die Objektivlinse mit der Flüssigkeit in Berührung kommt. Am meisten ist die Größe von 18 mm im Quadrat in Gebrauch und die Dicke von 0,15 bis 0,18 mm. Bei starken Vergrößerungen sind dünnere Deckgläser erforderlich. Für besondere Zwecke bei Kulturen von Pilzen wie feuchte Kammern, Tröpfchenkulturen sowie für gefelderte und numerierte Deckgläser bedarf man eines größeren Formates.

Rasiermesser. — Eine dünne langausgezogene Klinge dient für weichere, eine stärkere Klinge für härtere Gegenstände. Durch fleißige Benutzung eines guten Streichriemens wird das Messer beständig scharf gehalten.

Glasstäbe. — Etwa 20 cm lang, 4—6 mm dick und an beiden Enden rund geschmolzen.

Präpariernadeln. — Runde gewöhnliche Stahlnadeln in einem hölzernen Griff und solche mit abgeplatteter verbreiterter Spitze.

Feine starre Pinsel. — Zum Übertragen der Schnitte von der Rasiermesserklinge auf den Objektträger usw. Sehr feine Schnitte werden besser mit einer Nadel übertragen, da sie sehr leicht im Pinsel hängen bleiben.

Platinöse. — Ein Stück Platindraht, dessen Ende zu einer etwa 3 mm langen und 1 mm weiten Öse umgebogen wird. Die Öse hat einen Holzstiel oder ist in einen Glasstab eingeschmolzen.

Pinzetten. — Vernickelt oder aus Stahl mit zugespitzten Enden.

Alle diese Gegenstände sind vor und nach dem Gebrauch sorgfältig zu reinigen und sauber aufzubewahren. Bei Arbeiten mit Mikroorganismen sind dieselben jedesmal vor dem Gebrauch in der Flamme keimfrei zu machen, aber erst abgekühlt zu benutzen.

Leinwandlappen. — Gute nicht fasernde besäumte genügend große Stücke zum Reinigen aller Gegenstände, besonders der Objektträger und Deckgläser. Die Linsen werden am besten mit einem feinen nicht gekalkten Wildleder oder mit einem feinen Pinsel gereinigt. Alle Putzlappen sind vor Staub zu schützen.

Fließpapier. — Beste Qualität in kleinen etwa 20 mm breiten und 30—40 mm langen Stücken zum Aufsaugen überschüssiger Flüssigkeiten und zum Durchsaugen von Reagenzien, die an den Rand des Deckgläschens gebracht wurden.

Holundermark. — Um feine Schnitte von kleineren oder zarten Gegenständen zu erhalten, legt man dieselben zwischen zwei Platten von Holundermark.

Zeichenutensilien. — Ein harter und ein weicher Bleistift, ziemlich glattes Zeichenpapier und guter Radiergummi. Farbige Stifte leisten vielfach auch gute Dienste.

Größtmögliche Sauberkeit muß in allem und überall herrschen. Aus diesem Grunde empfiehlt es sich auch, die Arbeitstische schwarz zu beizen und zu ölen. Eine geeignete derartige Beize ist folgende:

Lösung I: 4000 g Wasser
            600 g salzsaures Anilin.

Lösung II: 1000 g Wasser
             86 g Kupferchlorid
             67 g Kaliumchlorid
             33 g Ammoniumchlorid.

Vor dem Gebrauch mischt man 4 Teile der ersten Lösung und 1 Teil der zweiten Lösung. Diese Mischung wird fünfmal in eintägigen Pausen auf die Tischplatte mit einem Pinsel aufgetragen. Nach einigen Tagen wird die Platte mit lauwarmem Wasser abgewaschen. Wenn sie vollkommen trocken ist, reibt man darauf mit einem Lappen ein Gemisch von 1 Teil Terpentinöl und 1 Teil Leinölfirnis, bis das Holz mit Firnis gesättigt ist. Den Überschuß des Öls entfernt man nach einigen Tagen durch kräftiges Abreiben.

4. Wichtigste Reagenzien, Aufhellungs- und Färbemittel.

§ 9. Alkannin. — Das käufliche Alkannin wird in Alkohol gelöst, die gleiche Menge Wasser zugesetzt und filtriert. Fette Öle, ätherische Öle und Harze färben sich hiermit intensiv rot, während andere Körper sich schwächer oder gar nicht färben.

Alkohol, absoluter. — Löst ätherische Öle und Harze.

Chlorzink-Jod. — Man löst 25 Teile Chlorzink und 8 Teile Jodkalium in 8,5 Teilen Wasser und setzt so viel Jod zu, als sich löst. Diese Lösung ist im Dunkeln oder in braunen Flaschen aufbewahrt sehr haltbar. Man tut am besten, die zu behandelnden Schnitte direkt in das konzentrierte Reagens zu bringen. Zellulose und Stärke färben sich violett.

Glyzerin, chemisch reines. — Das am meisten benutzte Einschlußmittel für mikroskopische Präparate sowohl bei der Untersuchung als auch zum Aufbewahren derselben als Dauerpräparate (§ 10). Man verwendet besonders die Verdünnung mit $\frac{1}{3}$ Wasser. Glyzerin ist ferner ein Aufhellungsmittel für nicht genügend durchsichtige und deutliche Präparate.

Jod. — Alkoholische Lösung (Jodtinktur). Färbt Stärke blau und ebenso Zellulose nach Behandlung mit Schwefelsäure.

Jod-Jodkalium. — Ein Teil Jodkalium wird in 100 Teilen Wasser gelöst und 0,3 Teile krystallisiertes Jod zugefügt. Stärke färbt sich hiermit anfangs blau, dann schwarz; durch Speicherung des Jods färben sich die Eiweißstoffe dunkelgelb oder gelbbraun.

Kalihydrat (Ätzkali) oder Natronhydrat (Ätznatron). — Man löst einen Teil Kalium kaustikum in zwei Teilen Wasser (Kalilauge). Bei der Auflösung erfolgt starke Wärmeentwicklung, so daß es vorteilhaft ist, das betreffende Gefäß in kaltes Wasser zu stellen. Unter Einwirkung der Kohlensäure der Luft wird das Reagens allmählich unwirksam, indem sich Kaliumkarbonat bildet. Dieses setzt sich besonders zwischen dem Hals der Flasche und dem Glasstöpsel fest und letzterer ist dann oft unlösbar eingekittet. Man verhindert dies durch Überziehen der Verschlußstelle mit Vaselin. Die für viele besonderen Zwecke notwendigen Verdünnungen werden je nach Bedarf hergestellt durch Zusatz von Wasser (z. B. 10proz. Lösung bei Untersuchungen auf Bakterien).

Kali- oder Natronlauge ist ein vorzügliches Aufhellungsmittel, indem es Stärke verkleistert, Eiweiß auflöst und die meisten Fette verseift. Sie wirkt aber auch gleichzeitig quellend.

Die stark chlorhaltige (käufliche) Javellesche Lauge hellt noch besser auf, feinere Schnitte schon nach wenigen Minuten, gröbere nach längerer Zeit. Sie muß vor Licht geschützt werden.

Kanadabalsam. — In Xylol oder Chloroform gelöst und in weithalsiger mit Glaskappe versehener Flasche aufzubewahren. Dient zum Einschluß wasserfreier Präparate und als Abschlußmittel für Dauerpräparate.

Kupferoxyd-Ammoniak. — Aus einer konzentrierten Lösung von Kupfersulfat wird mit Kalilauge das Kupferhydroxyd gefällt, ausgewaschen und getrocknet. Dann übergießt man eine entsprechende Menge von Kupferhydroxyd mit konzentriertem Ammoniak. Das Reagens muß stets neu dargestellt werden, da es nicht haltbar ist. Dasselbe löst Zellulose aber nicht verholzte und verkorkte Zellwände.

Methylenblau. — Man stellt am besten eine konzentrierte wässerige Lösung her und verdünnt nach Bedarf. Zum Färben toter Hefezellen verwendet man z. B. eine wässerige Lösung von 1 : 10000.

Osmiumsäure. — 1%ige wässerige Lösung. Ist vor Licht zu schützen. Färbt Fett und fette Öle dunkelbraun bis schwarz.

Phlorogluzin und Salzsäure. — Konzentrierte alkoholische Lösung von Phlorogluzin und 10%ige Salzsäure. Die Holzsubstanz färbt sich hiermit rot.

Wenn beide Lösungen getrennt aufbewahrt werden, sind sie haltbarer. Das Präparat wird am besten in Phlorogluzin gelegt und dann die Salzsäure zugesetzt.

Schwefelsäure, konzentrierte. — Dient zum Nachweis von verkorkten Zellwänden, die allein in derselben sich nicht auflösen. Vergleiche auch Jod.

Die Flüssigkeiten werden am besten in Flaschen aufbewahrt, deren Stöpsel in einen langausgezogenen Fortsatz ausläuft, welcher zur Entnahme des Reagens dient. Bei Flaschen mit gewöhnlichem Stöpsel benutzt man hierzu einen stets sehr sorgfältig gereinigten Glasstab.

Für die am meisten benutzten Flüssigkeiten wie destilliertes Wasser, verdünntes Glyzerin usw. ist eine größere Flasche zu empfehlen, deren Stöpsel nebst Fortsatz hohl ist und eine Gummikappe trägt. Die Flüssigkeit steigt in dem hohlen Stöpsel empor und kann tropfenweise auf den Objektträger gebracht werden.

5. Herstellung und Aufbewahrung der Präparate.

§ 10. Wegen der optischen Nachteile durch die Lichtbrechung muß sich der zu beobachtende Gegenstand in einem Tropfen reinen am besten destillierten Wassers befinden. Der Tropfen wird mit einem sorgfältig gereinigten Glasstab oder mit einem Tropfenzähler auf den Objektträger gebracht.

Von leicht verteilbaren Sachen wie Stärke, von Hefe oder anderen Mikroorganismen überträgt man mit einer Präpariernadel oder einer Platinöse eine sehr kleine Menge in den in der Mitte des Objektträgers befindlichen Wassertropfen, der dadurch höchstens schwach getrübt erscheinen darf, und bedeckt denselben mit einem Deckglase. Falls der Tropfen zu groß ist und infolgedessen die Flüssigkeit über den Rand des Deckgläschens tritt, muß diese sorgfältig mit Fließpapier aufgesaugt werden.

Leicht zerteilbare Materialien wie Schimmelpilze, Hopfendrüsen usw. bereitet man in entsprechender Weise mit zwei Präpariernadeln vor, bis sie so in der Flüssigkeit verteilt sind, daß sie nicht zu dicht beieinanderliegen.

Von größeren Gegenständen, z. B. vom Gerstenkorn, Holz usw. fertigt man mit Hilfe des Rasiermessers möglichst dünne Schnitte an, die dann mit einer Nadel oder einem Pinsel in den Wassertropfen auf dem Objektträger gebracht werden. Dicke Schnitte können niemals klare Bilder geben, da sie nicht genug Licht durchlassen.

Die Schnitte können in verschiedener Richtung ausgeführt werden: entweder treffen sie den Gegenstand quer (Querschnitt) oder in der Längsrichtung. Letztere können entweder parallel zur Tangente verlaufen (tangentialer Längsschnitt) oder parallel zum Radius (radialer Längsschnitt). Schnitte parallel zur Oberfläche nennt man Flächenschnitte. Bei allen Schnitten, besonders aber bei den Querschnitten, ist darauf zu achten, daß dieselben möglichst rechtwinklig zur Hauptachse orientiert sind. Schiefe Schnitte geben stets unklare Bilder.

Zuerst mustert man das ganze Präparat durch, und zwar stets mit schwacher Vergrößerung, indem man vorsichtig den Objektträger verschiebt. Wie wir in § 4 gesehen haben, erblickt das Auge stets das umgekehrte Bild des Gegenstandes im Mikroskop; folglich erscheinen unserm Auge auch die Verschiebungen in umgekehrter Richtung, woran der Anfänger sich erst gewöhnen muß. Benutzt man stärkere Vergrößerungen, so muß man beim Durchmustern des Präparates beständig die Mikrometerschraube handhaben, um alle Teile desselben scharf und deutlich sehen zu können.

Es ist vorteilhaft, jedes Präparat zu zeichnen, denn hierdurch wird das Auge zur schärferen Beobachtung gezwungen; ein sorgfältig gezeichnetes Präparat prägt sich auch besser dem Gedächtnis ein und gestattet spätere Vergleiche.

Luftblasen in Form stark lichtbrechender dunkelumrandeter Kugeln treten in Flüssigkeiten häufig auf. Sie können meistens durch vorsichtiges Aufheben des Deckglases oder durch langsames Erwärmen entfernt werden.

Bakterien, welche sich in einer wässerigen Flüssigkeit befinden, zeigen eine zitternde Bewegung. Diese ist keine Lebensäußerung sondern beruht auf der Eigenschaft aller festen sehr kleinen Körperchen, also auch solcher anorganischer Natur, wenn sie sich in Flüssigkeit befinden, zitternde Bewegungen, die sogenannte Brownsche Molekularbewegung, auszuführen.

In vielen Fällen wird es vorteilhaft sein, ein Präparat aufzubewahren, um es mit anderen vergleichen zu können, oder um später die Beobachtungen fortzusetzen. Das Wasser, in welchem sich gewöhnlich die zu beobachtenden Gegenstände befinden, verdunstet rasch, das Präparat trocknet dann ein und ist dadurch meist unbrauchbar. Das beste Aufbewahrungsmittel ist verdünntes Glyzerin, welches man vom Rande des Deckglases her allmählich einfließen läßt. Es empfiehlt sich, dem Glyzerin eine Spur Formalin oder Karbolsäure zuzusetzen, um Schimmelbildungen usw. zu verhüten. So können viele Präparate, ohne wesentlich zu leiden, lange aufbewahrt werden, wenn es an einem staubfreien Orte (z. B. in besonderen Präparatenkästen) geschieht. Von Zeit zu Zeit muß man nachsehen und, wo es nötig ist, etwas verdünntes Glyzerin hinzufügen. Für wasserfreie Präparate, z. B. getrocknete Bakterien, eignet sich als Einbettungsmittel Kanadabalsam. Um Präparate nach außen hin luftdicht abzuschließen, umgibt man das Deckglas mit einem Vaselinring.

Wenn Präparate dauernden Wert haben, so empfiehlt es sich, nach Entfernung jeder Spur von Flüssigkeit außerhalb des Deckglases um dieses herum einen Ring von Kanadabalsam oder besonderem Lack zu legen, der die Flüssigkeit dann vollkommen nach außen hin abschließt. Im Laufe der Zeit können Risse in dem Abschlußring entstehen, weshalb es nötig ist, derartige Dauerpräparate gelegentlich durchzusehen.

II. Allgemeine Botanik.

Die meisten Pflanzen bestehen aus zahllosen Zellen (§ 1) von verschiedener Form und Beschaffenheit. Diese entstehen und entwickeln sich nach bestimmten Gesetzen und bauen so die Gewebe auf, welche den Pflanzenkörper zusammensetzen.

1. Die Zelle und ihre Bestandteile.

§ 11. Die entwickelte normale Pflanzenzelle zeigt eine feste Umhüllung, die Zellwand, und den Zellinhalt, welcher die Zellhöhlung ausfüllt. Die Hauptmasse des Zellinhalts besteht aus Eiweißverbindungen und bildet eine meist zähflüssige mehr oder minder wasserreiche Substanz, das Protoplasma oder abgekürzt Plasma. Dieses ist der Träger aller Lebenserscheinungen; stirbt das Plasma ab, so ist die Zelle tot.

Eine wässerige Flüssigkeit, der Zellsaft, durchdringt die ganze Zelle anfangs gleichmäßig. Wenn sie älter wird, sammelt sich der Zellsaft im Innern des Plasmas in Form kleiner Tröpfchen (Salträume). Diese fließen zuletzt zu einem großen zentralen Saftraum zusammen, so daß das Plasma selbst dann nur einen dünnen durchsichtigen

---

[1]) *Protos* (griechisch) der erste; *plasma* (griechisch) das Gebildete.

Wandbelag bildet. Derartige Beschaffenheit zeigen die meisten völlig entwickelten Zellen. Früher hielt man diese im Mikroskop als helle durchsichtige Bläschen erscheinenden Safträume für leere Räume und nannte sie Vakuolen[1]).

Das lebende Plasma steht unter hohem Druck, Turgor genannt, welcher dauernd auf die Zellwand wirkt und diese beständig gespannt hält. Zerreißt eine Zellwand oder entsteht ein Loch in derselben, so strömt das Plasma heraus und die Zelle geht zugrunde. Nur vollkommen geschlossene Zellen sind lebensfähig.

§ 12. Bringt man lebende Zellen in eine wasserentziehende Flüssigkeit (z. B. Glyzerin, konzentrierte Zucker- oder Kochsalzlösung), so gibt das Plasma den Zellsaft nach und nach ab und wird kleiner. Infolge des Wasserverlustes löst es sich von der Wand los und zieht sich immer mehr zusammen. In solchem Zustande kann man deutlich Zellwand und Plasma unterscheiden. Dieser Vorgang heißt Plasmolyse[2]). Setzt man dieselbe längere Zeit fort, so wird das Plasma getötet. Läßt man dagegen das wasserentziehende Mittel nur kurze Zeit einwirken und ersetzt es dann durch reines Wasser, so kehrt das zusammengezogene Plasma allmählich in seinen früheren Zustand zurück und füllt die Zellhöhlung wieder vollkommen aus.

§ 13. Im Plasma eingebettet findet sich der Zellkern (lateinisch *nucleus*), ein kleiner meist länglicher, rundlicher oder linsenförmiger Körper, der auch aus Eiweißsubstanzen besteht, aber dichteren Bau zeigt. Seine Größe beträgt bei den höheren Pflanzen meist 10 bis 12 μ. In den Zellen mit wandständigem Plasma ist der Kern wandständig; wird der Saftraum von feinen Strängen und Fäden von Plasma durchsetzt, so findet sich der Zellkern innerhalb dieser.

In den meisten Zellen findet sich nur ein Kern. Bei einigen Schimmelpilzen kommen auch Zellen mit zahlreichen Kernen vor. Der Zellkern ist für alle Wachstumsvorgänge in der Zelle von großer Bedeutung. Eine wichtige Rolle spielt derselbe bei den Befruchtungsvorgängen und bei der Vererbung.

Die Neubildung von Zellen beginnt stets mit der Teilung des Kerns. Nach entsprechenden Vorbereitungen bilden sich zwei Tochterkerne; diese rücken auseinander und zwischen ihnen entsteht in der Mitte der Mutterzelle eine neue Wand. Jede der beiden Hälften, Tochterzellen, enthält einen Kern. Dieser Vorgang vollzieht sich mit großer Regelmäßigkeit an bestimmten Stellen des Pflanzenkörpers, den Teilungsgeweben. Wenn die Teilungswände immer in derselben Richtung auftreten, entstehen Zellfäden (viele Haare, Schimmelpilze). Erfolgen die Teilungen in zwei Richtungen, so bildet sich eine Zellfläche. Zellkörper kommen dadurch zustande, daß die Teilungen nach allen drei Richtungen des Raumes vor sich gehen.

---

[1]) Von *vacuum* (lateinisch) der leere Raum.
[2]) Von *plasma* und *lyo* (griechisch) ich löse los.

Außer dem Zellkern finden sich in den meisten lebenden Zellen verschiedene Inhaltsstoffe: Blattgrünkörner (§ 25), Stärke (§ 32), fettes Öl (§ 33), Kautschuk (§ 52), Kristalle (§ 53) usw.

§ 14. Die Zellwand oder Membran entsteht und wächst durch die Lebensvorgänge im Protoplasma. Es gibt auch Zellen, die kürzere oder längere Zeit ohne Zellwand leben (nackte Zellen).

Die Zellwand besteht bei den meisten Pflanzen, besonders in der Jugend, aus Zellulose, einem Kohlenhydrat $(C_6H_{10}O_5)_n$. Reine Zellulose färbt sich mit Jod und Schwefelsäure blau. In Kupferoxyd-Ammoniak löst sie sich vollständig auf.

In manchen Fällen sind der Zellulose schleimartige oder gallertartige Körper (Pektinstoffe) beigemengt, die ebenfalls zu den Kohlenhydraten gehören. Derartige veränderte Zellwände zeigen bestimmte Beziehungen zu gewissen Farbstoffen.

Außerdem verändern sich die Zellwände vielfach dadurch, daß bestimmte chemische Körper sich zwischen die kleinsten Teile (Mizellen) der Zellulose einlagern. Die wichtigsten derartigen Veränderungen sind die Verkorkung und die Verholzung; weniger Bedeutung haben Verkieselung und Verschleimung.

Die Verkorkung kommt dadurch zustande, daß ein fettartiger Körper, Korkstoff oder Suberin[1]), sich in die Zellulosewand einlagert. Verkorkte Wände sind wenig oder gar nicht durchlässig für Gase und Flüssigkeiten und außerdem sehr elastisch. Sie werden von konzentrierter Schwefelsäure nicht angegriffen, während alles, was nicht verkorkt ist, sich auflöst. Mit Chlorzinkjod färbt sich die verkorkte Wand gelb.

Die Verholzung wird bedingt durch Einlagerung von Holzstoff oder Lignin[2]) in die Zellulosewand. Verholzte Gewebe sind verhältnismäßig fest und leiten gut Wasser. Bei Behandlung mit Phlorogluzin und Salzsäure färbt sich die verholzte Wand kräftig kirschrot; mit Chlorzinkjod nimmt sie eine gelbe Farbe an.

§ 15. Größe und Gestalt der Zellen sind verschieden, je nach der Pflanzenart und je nach den einzelnen Geweben. Ihre Beschaffenheit steht in engstem Zusammenhang mit ihrer Funktion. Zellen, die verhältnismäßig wenig länger als breit sind, werden parenchymatische und das betreffende Gewebe Parenchym[3]) genannt. Den Gegensatz dazu bildet das Prosenchym[3]), ein Gewebe aus sehr langen Zellen, deren Enden zugespitzt sind und ineinandergreifen. Saftige Zellen haben dünne Wände und sind auch meist wenig widerstandsfähig; die harten festen und dauerhaften Gewebe dagegen bestehen aus Zellen mit dicken Wänden, die dann meist verholzt sind.

---

[1]) Von *suber* (lateinisch) Kork.
[2]) Von *lignum* (lateinisch) Holz.
[3]) Aus dem Griechischen; nicht direkt ableitbar, da in übertragenem Sinne.

§ 16. Die Zellwände sind entweder gleichmäßig beschaffen oder es bleiben, besonders bei dickwandigen Zellen, einzelne kleine scharf umschriebene Stellen während des Wachstums der Zellwand dünn und bilden dann Kanäle, welche die Zellwand durchsetzen und als Tüpfel bezeichnet werden. Die Tüpfel aneinandergrenzender Zellen treffen stets aufeinander, sind aber durch die ursprünglichen dünnen Stellen der Zellwand voneinander getrennt. Zarte Protoplasmafäden durchsetzen jedoch diese Stelle der Zellwand, und dadurch stehen die benachbarten Plasmamassen und schließlich die aller lebenden Zellen eines Organismus miteinander in Verbindung. Offene Löcher finden sich niemals in den Wänden lebender Zellen. Die Tüpfel erleichtern den Saftaustausch in den pflanzlichen Geweben. Wenn der vom Tüpfel gebildete Kanal gerade und einfach ist, spricht man von einfachen Tüpfeln (Holundermark); in der Flächenansicht erscheinen sie als einfache Kreise oder Spalten. Wenn der Kanal anfangs groß ist und sich dann nach dem Innern der Zelle zu trichterförmig verengt, so haben wir es mit behöften Tüpfeln zu tun. In der Flächenansicht erhält man daher hier zwei konzentrische Kreise, der kleine entspricht der Öffnung des Trichterrohres, der große dem Trichterrande. Behöfte Tüpfel finden sich hauptsächlich im Holzkörper (§ 21).

§ 17. Mikroskopische Präparate. Um die wesentlichsten Bestandteile der Pflanzenzelle kennenzulernen, eignen sich z. B. dünne Längsschnitte von der Oberfläche frischer saftiger Zwiebelschalen. Diese Schnitte sollen sich möglichst auf die oberste Zellschicht (Oberhaut oder Epidermis, § 19) beschränken. Die Zellen derselben sind ungefähr viereckig, 2 bis 3mal so lang als breit und zeigen deutliche Querwände. Es sind also Parenchymzellen; ihre Länge beträgt 200 bis 300 μ, ihre Breite 40 bis 60 μ. Das Protoplasma ist sehr durchsichtig und wasserreich; es ist wandständig und besitzt einen großen Zentralsaftraum. Der Zellkern ist hier außergewöhnlich groß (12 bis 18 μ) und ohne besondere Behandlung zu erkennen. Behandelt man den Schnitt mit Methylenblau oder Methylengrün-Essigsäure, so nimmt der Kern mehr Farbstoff auf als das Plasma; er wird infolgedessen dunkler und tritt noch deutlicher hervor. — Die Oberhautzellen der Oberseite von Tulpenblättern zeigen ebenfalls gut die Bestandteile der Pflanzenzelle.

Legt man einen frischen Schnitt von der Oberfläche der Zwiebelschalen in konzentriertes Glyzerin, so kann man unter dem Mikroskop den Vorgang der Plasmolyse beobachten.

Behandelt man zarte Querschnitte einer saftigen Zwiebelschale mit Jodlösung und etwas Schwefelsäure, so tritt dort, wo beide Reagenzien wirksam sind, eine lebhafte Blaufärbung der Zellwände ein, ein Beweis, daß dieselben aus Zellulose bestehen. Nur die äußerste Schicht der Außenwand der Oberhaut färbt sich gelb; sie ist verkorkt.

Ein Querschnitt durch Holundermark zeigt die rundlichen Zellen von 100 bis 200 μ Durchmesser. Die Wände sind überall gleichmäßig dünn. In denselben finden sich zahlreiche rundliche oder längliche einfache Tüpfel von 10 bis 15 μ Größe. Da die toten Zellen mit Luft erfüllt sind, muß diese durch vorsichtiges Erwärmen des Präparates über einer Flamme erst entfernt werden, um ein deutliches Bild zu bekommen.

§ 18. Wenn man Hefe bei 200 bis 300facher Vergrößerung betrachtet, erkennt man, daß sie meist aus einzelnen Zellen von länglicher oder rundlicher Gestalt und 7 bis 9 μ Länge besteht. Das Plasma ist hier sehr durchsichtig und hebt sich wenig von der zarten Wand ab. Mit Methylenblau färbt sich das Plasma toter Hefezellen, während lebende den Farbstoff nicht oder nur sehr langsam aufnehmen. So unterscheidet man bei der Betriebskontrolle lebende und tote Hefezellen.

Bei 400 bis 500facher Vergrößerung erkennt man im Plasma, besonders bei älteren Hefezellen, hellere Stellen, die Safträume oder Vakuolen. Vielfach sind kleine glänzende Körnchen im Plasma oder in den Vakuolen sichtbar. Dieselben bestehen aus Eiweißsubstanzen und fettartigen Körpern und werden als Granulationen[1]) bezeichnet. Der Zellkern der Hefezellen ist sehr klein und nicht unmittelbar sichtbar, sondern erst nach sehr umständlicher Behandlung.

Gelegentlich beobachtet man, daß eine Hefezelle eine kleine knopfartige Ausstülpung zeigt. Dies ist der Anfang zu einer neuen Zelle, der Tochterzelle, welche durch Sprossung aus der Mutterzelle hervorgeht und allmählich die Größe derselben erreicht. Bei günstiger Ernährung und Temperatur (25° C) bildet sich eine neue Zelle in 6 bis 8 Stunden. An den Verbindungsstellen beider Zellen bildet sich schließlich eine neue doppelte Wand; nun kann sich die Tochterzelle von der Mutterzelle trennen und jede stellt dann ein selbständiges einzelliges Lebewesen dar. Bei der Unterhefe vollzieht sich die Lostrennung der Tochterzelle meist frühzeitig, so daß diese hauptsächlich aus einzelnen Zellen besteht. Bei der Oberhefe dagegen bleiben mehrere Generationen von Tochterzellen im Zusammenhang und bilden sogenannte Sproßverbände. Weiteres über die Hefe enthält der Abschnitt Sproßpilze.

2. Flaschenkork.

§ 19. Alle oberirdischen Organe der höheren Pflanzen sind in der Jugend mit einem besonderen Schutzgewebe, der Oberhaut (Epidermis), bedeckt. Die Außenwand der Oberhautzellen ist meist stark verdickt, und frühzeitig verkorkt die äußerste Schicht derselben; diese wird als Kutikula bezeichnet.

Bei den Stämmen, Ästen, Wurzeln unserer Holzgewächse wird die schwache leicht zerreißbare Oberhaut durch das festere und langlebige Korkgewebe (Periderm) ersetzt. Dieses folgt ver-

---

[1]) *Granula* (lateinisch) Körnchen.

mittels einer besonderen teilungsfähigen Zellschicht dem Dicken-
wachstum des betreffenden Organs und bedeckt dessen Außenfläche
als mehr oder minder starkes Schutzgewebe.

Bei den Buchen bleibt der Kork immer verhältnismäßig dünn
und der Stamm zeigt eine glatte und gleichmäßige Oberfläche.
Bei anderen Bäumen entwickelt sich ein sehr umfangreiches ausschließlich aus Korkzellen bestehendes Korkgewebe. Am ausgiebig-
sten ist dies der Fall bei der Korkeiche (*Quercus suber*), welche
im westlichen Mittelmeergebiet heimisch ist.

Der in den ersten 10 bis 12 Jahren entstehende Kork der Korkeiche ist unregelmäßig gebaut und uneben. Er wird für Schwimm-
gürtel, gärtnerische Zwecke usw. verwendet. Später kommt dann
ein gleichmäßiges Korkgewebe zur Ausbildung, welches nach 8 bis
12 Jahren eine solche Dicke erreicht, daß es vorsichtig abgetrennt
werden kann. Dieser Kork wird in sehr verschiedener Weise verwendet und verarbeitet, besonders zu Flaschenkork.

Das Korkgewebe der Korkeiche besteht aus dünnwandigen
meist vierseitigen Zellen, die in radialen Reihen angeordnet sind.
Das gleichmäßige hellbräunliche Korkgewebe wird vielfach von
dunkeln Stellen durchsetzt. Dieselben beruhen darauf, daß radial
verlaufende Gewebestreifen aus nicht verkorkten Zellen vorhanden
sind, welche nur locker aneinanderschließen und an dem lebenden
Baum zur Zufuhr der atmosphärischen Luft dienten. Diese nicht
verkorkten Zellen sterben frühzeitig ab und zerfallen rasch, so daß
sie schließlich eine pulverförmige Masse bilden. Korke mit zahlreichen und umfangreichen dunkeln Streifen sind minderwertig,
da sie keinen sicheren Verschluß bilden. Sie sind eine Gefahr für
Versandbiere und daher nach Möglichkeit zu vermeiden. Die Flüssigkeit kann solche Korke durchdringen und Schimmelbildungen,
die dann auf der Oberfläche des Korks entstehen, können, durch
solche porösen Korke hindurchwachsend, zum Biere gelangen.
Bei guten Korken sollen also möglichst wenige bräunliche Streifen
vorhanden sein und diese sollen in der Querrichtung und nicht
in der Längsrichtung verlaufen.

Verkorkte Zellwände sind sehr widerstandsfähig, elastisch
und undurchlässig für Gase und Flüssigkeiten. Wegen seiner Elastizität kann der Flaschenkork, bevor er verwendet wird, zusammen-
gepreßt werden; er dehnt sich wieder aus, der Wandung des Flaschen-
halses sich fest anlegend. Holz oder anderes Material hat nicht diese
Eigenschaft.

Unter dem Mikroskop erkennt man Korkwände an ihrer Widerstandsfähigkeit gegen konzentrierte Schwefelsäure; Zellwände von
anderer Beschaffenheit lösen sich darin auf. Mit Chlorzinkjod färben
sich verkorkte Wände gelb.

Die Abfälle bei der Herstellung von Flaschenkorken finden
in verschiedener Weise Verwendung, z. B. als Isoliermasse, zur Herstellung von Korklinoleum usw. Fein zermahlen werden aus ihnen
mit Hilfe eines Bindemittels künstliche Korke (Suberit) hergestellt,

welche für viele Zwecke, besonders als Verschluß von Gefäßen
mit trockenen Gegenständen, gute Dienste leisten, für Brauereizwecke aber nicht in Betracht kommen.

§ 20. Mikroskopische Präparate. Man fertigt zarte Querschnitte einer glatten guten Stelle an. Da das Gewebe nur aus toten
Zellen besteht, ist kein Zellinhalt mehr sichtbar und die Zellhöh-
lungen sind mit Luft erfüllt. Durch vorsichtiges Erwärmen über
einer Flamme wird die Luft nach und nach vertrieben. Die Zellen
sind meist in regelmäßigen Reihen angeordnet und zeigen gleichmäßig dünne Wände. Ein Schnitt durch eine dunkle krümelige
Stelle zeigt, daß hier die Zellen rundlich sind und nur locker zusam-
menhängen. Ihre Wände sind nicht verkorkt und lösen sich daher
in konzentrierter Schwefelsäure auf.

3. Holz der Nadel- und Laubbäume.

§ 21. Das im täglichen Leben so vielfach verwendete Holz
entsteht durch die Lebenstätigkeit unserer Bäume und Sträucher,
die daher als Holzgewächse bezeichnet werden. Der Holzkörper
derselben baut sich aus sehr verschieden beschaffenen Geweben auf
und ist verschieden bei den Nadelhölzern und bei den Laubbäumen.

Die Wände aller Zellen des Holzkörpers sind verholzt (§ 14)
und in der Regel stark verdickt. Daher geben diese Gewebe den
betreffenden Pflanzenteilen die notwendige Festigkeit.

Querschnitte eines Stammes zeigen regelmäßig konzentrisch
angeordnete, meist schon mit bloßem Auge zu erkennende Schichten, die Jahresringe. Von denselben entsteht jährlich infolge des
Dickenwachstums eine neue Schicht. Die Jahresringe kommen
dadurch zustande, daß die im Frühjahr gebildeten Zellen des Holzkörpers größeren Durchmesser und dünnere Wände haben als die
später entstehenden. Auf das verhältnismäßig feste kleinzellige
und dickwandige Herbstholz folgt das viel lockerere Frühlingsholz,
das bei den Laubhölzern besonders durch zahlreiche und weite Gefäße ausgezeichnet ist.

Das Holz der Nadelbäume (Fichte, Tanne, Kiefer oder Föhre,
Lärche) besteht hauptsächlich aus langgestreckten, an beiden Enden
zugespitzten, daher faserartigen Zellen, Tracheiden genannt.
Ihre Wände sind mit behöften Tüpfeln (§ 16) versehen. Gewebestreifen von parenchymatischen Zellen verlaufen in radialer Richtung
quer durch den Holzkörper vom Mark bis zur Rinde; sie werden
als Markstrahlen bezeichnet.

Den wichtigsten Bestandteil des Holzkörpers unserer Laubbäume bilden die Gefäße oder Tracheen, welche auf dem Querschnitt durch ihre Größe sofort auffallen und oft schon mit bloßem
Auge zu erkennen sind. Ein Gefäß geht aus übereinanderstehenden,
in der Regel langgestreckten Zellen hervor, die zahlreiche behöfte
Tüpfel tragen. Die Querwände der einzelnen Zellen werden ganz
oder teilweise aufgelöst. Ist letzteres der Fall, so bleiben meistens

mehrere Querstreifen erhalten, und man spricht dann von einer leiterförmigen Durchbrechung.

§ 22. Diese Verhältnisse sind von Interesse, um Haselspäne von Spänen anderer Holzarten zu unterscheiden, welche gelegentlich an Stelle von diesen in den Handel kommen.

Haselspäne sind rötlichgelb, der Bruch ist kurzfaserig, die Rißlinie glatt und gerade. Die Gefäßdurchbrechungen sind leiterförmig, was besonders auf dem radialen Längsschnitt gut sichtbar ist.

Die sehr ähnlichen Späne der Weiß- oder Hainbuche (*Carpinus betulus*) sind hingegen weißlichgelb oder rein weiß. Der Bruch ist langfaserig, die Rißlinie uneben und mehr splitterig. Die Gefäße zeigen einfache ovale Durchbrechung.

Das technisch wertvollste Holz ist das Eichenholz. Es verdankt seine Festigkeit dem Auftreten von zahlreichen dickwandigen engen Zellen (besonders Holzparenchym und Holzfasern) zwischen den Gefäßen. Von letzteren sind zwei Typen zu unterscheiden: weite Gefäße (200 bis 360 μ) dichtstehend, 1 bis 3 reihig, konzentrische Kreise bildend, und enge Gefäße (20 bis 70 μ) in schmäleren und breiteren Zügen radial angeordnet. Die stärkeren Markstrahlen erreichen bis 1 mm Breite und finden sich in einer Entfernung von 2 bis 10 mm. Wegen der Porösität darf für Lagerfässer nicht gesägtes, sondern in der Längsrichtung gespaltenes Holz verwendet werden.

§ 23. Die Höhlungen der meisten Zellen, welche das Holz aufbauen, sind so groß, daß Mikroorganismen leicht dort Unterschlupf finden und sich vermehren können, da ihnen nur sehr schwer oder gar nicht beizukommen ist; selbst Desinfektionsmittel dürften sie in vielen Fällen nicht erreichen. Große Gefahren bieten in dieser Hinsicht schlecht gehaltene hölzerne Arbeitsgeräte.

Eine derartige Entwicklung von Organismen wird durch das Pichen der Fässer und Bottiche sowie durch Lackieren oder Paraffinieren der letzteren verhindert, das gleichzeitig auch desinfizierend wirkt und ein Durchdringen von Flüssigkeiten und Gasen durch größere Poren oder etwaige Risse des Holzes verhindert. Glatte feste Wände sind leicht und sicher zu reinigen.

Durch Behandlung mit chemischen Giften kann Holz sehr widerstandsfähig gegen Fäulnis gemacht werden. Diese Methode, Imprägnierung genannt, wird z. B. mit Erfolg für Eisenbahnschwellen in Bergwerken, in der Landwirtschaft angewendet; für die Brauerei ist sie nicht verwendbar, da die angewandten Stoffe giftig sind und meist einen üblen Geruch haben.

§ 24. Mikroskopische Präparate. — Querschnitte von Fichtenholz zeigen die Jahresringe und die Markstrahlen. Der Durchmesser der in radialen Reihen angeordneten Tracheiden des Frühjahrsholzes beträgt bis zu 40 μ, der des Herbstholzes nur 10—20 μ. Mit Phlorogluzin und Salzsäure färben sich alle Zellen kirschrot, da ihre Wände verholzt sind. Auf radialen Längsschnitten (§ 10) erkennt man die prosenchymatische Gestalt der Tracheiden, deren radiale Wände zahlreiche große behöfte Tüpfel haben.

4. Ernährung der Pflanzen.

§ 25. Die Pflanze nimmt ihre Nahrung auf zwei verschiedene Arten auf: einerseits den Kohlenstoff aus der Luft durch die grünen Blätter, anderseits die im Wasser gelösten anorganischen Verbindungen vermittelst der Wurzeln.

Die meisten Pflanzen haben grün gefärbte Blätter. Der grüne Farbstoff, Blattgrün oder Chlorophyll[1]) genannt, ist an bestimmt geformte Teile des Plasmas gebunden, welche die Gestalt von linsenförmigen Körnern (Blattgrünkörner) haben. Sie sind von Anfang an in der Zelle vorhanden (§ 13) und vermehren sich durch Teilung. In jungen Zellen sind sie farblos, und erst später unter dem Einfluß von Licht und Wärme bildet sich Blattgrün. Pflanzen, die sich ohne genügende Mengen von Licht entwickeln, bilden bleiche abnorme Organe (z. B. Kartoffeln, welche im Keller austreiben). Zur normalen Ausbildung des Blattgrüns sind auch geringe Mengen von Eisen notwendig; bei Eisenmangel werden die Pflanzenteile gelblich und verkümmern schließlich. Rechtzeitiges Gießen mit Wasser, das Spuren von Eisenchlorid enthält, behebt diesen krankhaften Zustand. Durch Alkohol, Benzin und Äther wird das Blattgrün aufgelöst; die Pflanzenteile werden nach und nach farblos, während das Lösungsmittel sich grün färbt.

§ 26. In den Blattgrünkörnern vollzieht sich unter dem Einfluß des Sonnenlichtes der Aufbau der Kohlenhydrate. Das Kohlendioxyd (Kohlensäure) der Luft wird in seine Bestandteile, Kohlenstoff und Sauerstoff, zerlegt. Der Kohlenstoff verbindet sich mit den Elementen des Wassers, und so entstehen die Kohlenhydrate, welche sich aus Kohlenstoff, Wasserstoff und Sauerstoff aufbauen. Dieser Vorgang wird Kohlenstoffassimilation[2]) genannt. Das erste nachweisbare Produkt dieses Vorganges ist die Stärke, welche nach folgender Formel entsteht:

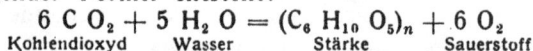

$$6\ CO_2 + 5\ H_2 O = (C_6 H_{10} O_5)_n + 6\ O_2$$

Kohlendioxyd   Wasser   Stärke   Sauerstoff

Ein Teil des Sauerstoffs wird frei und gelangt in die atmosphärische Luft zurück, welche dadurch für uns zum Atmen geeigneter wird.

Die Kohlenstoffassimilation ist die Grundlage für alles organische Leben. Nur die blattgrünführenden Pflanzen können aus anorganischen Verbindungen Kohlenhydrate und andere organische Verbindungen aufbauen. Alle tierischen Lebewesen und ebenso alle blattgrünfreien Pflanzen sind in bezug auf ihre Ernährung auf die Kohlenstoffassimilation der blattgrünführenden Pflanzen angewiesen.

---

[1]) *Chloros* (griechisch) grün, *phyllon* (griechisch) Blatt.
[2]) *Assimilare* (lateinisch) umwandeln, ähnlichmachen.

Die Blätter sind diejenigen Organe der Pflanze, die am reichsten an Blattgrünkörnern sind; daher vollzieht sich in ihnen hauptsächlich dieser wichtigste Ernährungsvorgang. Jede Schädigung der Blätter stört die Ernährung der Pflanze.

Die während des Tages in den Blattgrünkörnern entstandene Stärke (Assimilationsstärke) wird nach und nach, besonders während der Nacht, gelöst und wandert überall dorthin, wo in der Pflanze Wachstum und Neubildungen stattfinden (z. B. Sproßspitzen und Wurzelspitzen). Hier wird die Stärke zur Ausbildung der Zellwände, ferner zum Aufbau anderer organischer Verbindungen, z. B. von Eiweiß (§ 29), sowie zur Unterhaltung der Atmung (§ 35) verwendet. Wenn mehr Stärke gebildet wird, als die Pflanze jeweils verbraucht, wird der Überschuß in Form von Körnern (Reservestärke § 31) abgelagert, um im nächsten Jahre als erste Nahrung der Pflanze zu dienen.

Stärke färbt sich ebenso wie Zellulose (§ 14) mit Chlorzinkjod oder mit Jod und Schwefelsäure blau.

§ 27. Mikroskopische Präparate. — Um die Blattgrünkörner kennenzulernen, eignen sich besonders die Blätter von Wasserpflanzen, z. B. die der Wasserpest. Zarte Flächenschnitte zeigen die parenchymatischen, mehr oder minder langgestreckten Zellen mit zahlreichen länglichen Blattgrünkörnern von etwa 5 μ Länge. Leicht sichtbar sind die Blattgrünkörner auch in den zarten Moosblättchen, da diese nur aus einer Zellschicht bestehen.

§ 28. Außer dem Kohlenstoff, den die blattgrünführende Pflanze aus der Luft aufnimmt, sind folgende chemische Elemente für die Ernährung der Pflanzen unbedingt notwendig: Wasserstoff, Sauerstoff, Stickstoff, Schwefel, Phosphor, Kalium, Kalzium, Magnesium und Eisen. Alle Nährstoffe müssen in gelöster Form vorhanden sein, denn nur vermittelst des Wassers können sie in die Pflanze eintreten. Bei den höheren Pflanzen (Gerste und Hopfen) dienen die Wurzeln zur Aufnahme des Wassers und der darin gelösten Nährstoffe, und zwar sind es besonders die Wurzelhaare, d. h. schlauchförmige Ausstülpungen der Oberhautzellen junger Wurzeln. Niedere Pflanzen (Hefe, Bakterien, Schimmelpilze) nehmen mit der ganzen Oberfläche die Nahrung auf. Die Wurzelhaare und viele niedere Organismen scheiden besondere Stoffe (Säuren, Enzyme § 45) aus, welche feste Körper verflüssigen.

Das Wasser mit den darin gelösten anorganischen Nährstoffen steigt in dem Pflanzenkörper aufwärts bis in die höchsten Baumkronen. In den Geweben der Blätter wird ein Teil des Wassers zum Aufbau der Kohlenhydrate (§ 26) verbraucht, ein anderer, und zwar der bei weitem größte Teil, verdunstet (Transpiration). Der so entstandene Wasserdampf geht durch besondere Organe, die Spaltöffnungen (§ 36), in die atmosphärische Luft über.

§ 29. Die Kohlenhydrate treffen im Pflanzenkörper mit Stickstoff und Schwefel bzw. auch Phosphor zusammen, und aus ihrer

Vereinigung gehen die Eiweißverbindungen hervor. Diese bilden die Grundlage des Plasmas, sind also von größter Bedeutung für das Leben der Zelle. Der Ort sowie die Art und Weise der Entstehung der Eiweißverbindungen in der Pflanze sind nicht mit Sicherheit festgestellt; wahrscheinlich kommen auch hierfür die Blätter in erster Linie in Betracht. Auch das Licht scheint eine begünstigende Wirkung auszuüben.

§ 30. Pflanzen, welche kein Blattgrün haben, können nicht den Kohlenstoff der Luft verarbeiten, also keine organischen Verbindungen aufbauen; sie müssen sich folglich von organischen Verbindungen ernähren. Entnehmen sie ihre Nahrung lebenden Organismen, so heißen sie **Schmarotzer** oder **Parasiten** (Hopfenseide, Sommerwurz, viele Pilze). Leben sie dagegen auf oder in organischen Substanzen, so bezeichnet man sie als **Fäulnisbewohner** oder **Saprophyten** (Hefe, Schimmelpilze).

5. Reservenährstoffe.

§ 31. Diejenigen Nährstoffe, welche die Pflanze nicht direkt verbraucht, werden in besonderen Organen (z. B. Wurzelstöcken, Knollen, Samen) oder in bestimmten Geweben (Rinde, Mark usw.) abgelagert und aufgespeichert. Nach ihrer chemischen Zusammensetzung unterscheidet man **stickstoffhaltige Reservenährstoffe** (Aleuron- oder Proteinkörner) und **stickstofffreie** (Stärke, fette Öle).

Die **Aleuron-** oder **Proteinkörner** sind außerordentlich klein und erfüllen dicht gedrängt die ganze Zelle (Gerste § 42) oder finden sich zusammen mit Stärke in derselben Zelle (Erbsen, Bohnen).

§ 32. Die **Reservestärke** tritt stets als Körnchen auf, die bei den verschiedenen Pflanzen bestimmte Form und Größe haben (Fig. 11). Infolgedessen kann man bei Mehl vermittelst des Mikroskops feststellen, von welcher Pflanze es herrührt.

Die Stärke von **Gerste**, **Weizen** und **Roggen** ist ein Gemenge von größeren linsenförmigen Körnern und zahlreichen kleineren ungefähr kugeligen oder auch unregelmäßigen Körnchen. Bei der **Gerste** beträgt der Durchmesser der linsenförmigen Körner meist 20 bis 30 μ, selten über 35 μ. Die des **Weizens** sind etwas größer und einige erreichen bis 50 μ Durchmesser. Beim **Roggen** dagegen sind viele größer als 50 μ. Der **Mais** hat 5 bis 6eckige Stärkekörner von 15 bis 18 μ Durchmesser; in ihrer Mitte finden sich meist mehrere kleinere Spalten. Diejenigen von **Hafer** und **Reis** sind nur 4,5 bis 6 μ groß und vieleckig. **Erbsen** und **Bohnen** haben ungefähr nierenförmige oder dreieckige Stärkekörner, die bis 70 μ Länge erreichen. Die Stärkekörner der **Kartoffel** gehören zu den größten; sie messen 60 bis 100 μ und sind eiförmig oder rundlich-dreieckig. Bei ihnen sieht man in der Regel eine deutliche Schichtung, und zwar liegt der Schichtenmittelpunkt in dem schmäleren Teile des Korns.

Durch Erwärmen in Wasser auf 60 bis 70° C oder durch Behandlung mit verdünnten Säuren oder verdünnter Natronlauge quillt das Stärkekorn auf, es verkleistert. Unter dem Mikroskop sieht man dann, daß dasselbe infolge der Wasseraufnahme größer geworden ist. In diesem Zustande hat es wesentlich andere chemische und physikalische Eigenschaften. Diese Veränderungen sind sehr

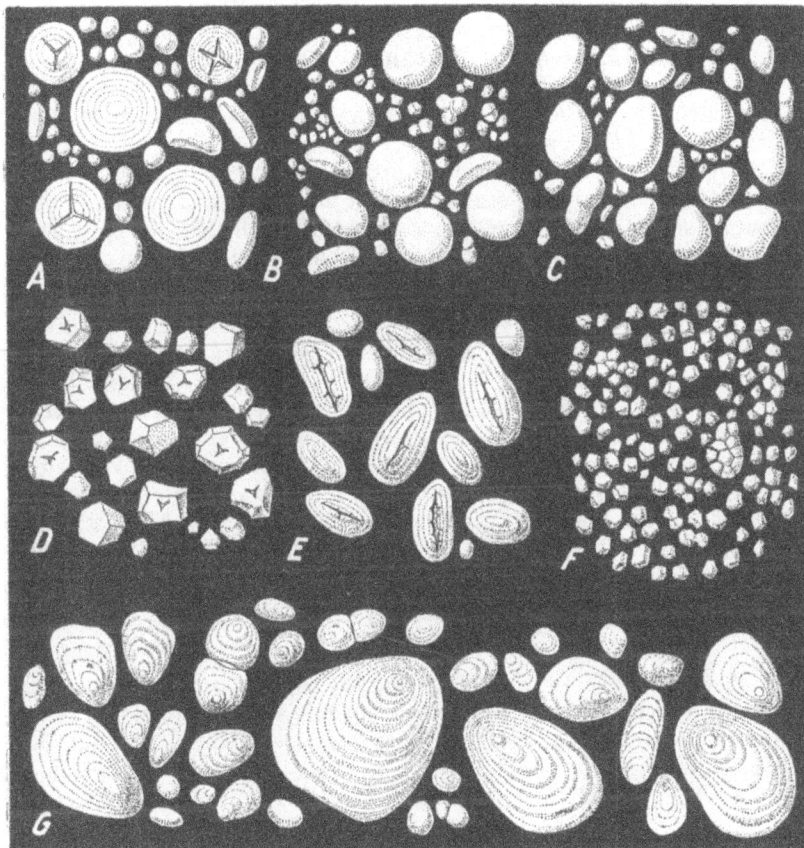

Fig. 11. Stärkekörner.

A Roggen, B Weizen, C Gerste, D Mais, E Hülsenfrüchte, F Reis, G Kartoffel.

verschieden von denen, welche die Diastase bei der Keimung der Gerste bzw. beim Maischprozesse auf die Stärkekörner ausübt (§ 44).

§ 33. Außer Stärke kommt vielfach fettes Öl als stickstofffreier Reservenährstoff vor. Es tritt meist in Form kleiner stark lichtbrechender Tröpfchen in dem Zellinhalt auf. Fettes Öl färbt

sich mit 1%iger Osmiumsäure bräunlich bis schwarz, mit Alkanna-
tinktur schön zinnoberrót; in Äther löst es sich auf. Geht fettes Öl
in den festen Zustand über, so wird es als Fett bezeichnet. Von
den flüchtigen oder ätherischen Ölen (§ 49) unterscheidet es sich
dadurch, daß es Fettspuren hinterläßt, während jene restlos ver-
flüchtigen.

Viele Samen enthalten neben anderen Reservenährstoffen
kleinere Mengen von fettem Öl (z. B. unsere Getreidearten); bei anderen Pflanzen bestehen die Reservenährstoffe fast ausschließlich
aus fettem Öl. Entweder sind es dann die Samen, welche es enthalten
(Raps, Lein, Mohn, Mandeln), oder das Fruchtfleisch (z. B. Oliven).
Tröpfchen von fettem Öl finden sich besonders zahlreich in den
Dauersporen der Pilze (§ 59).

Durch heißes Pressen oder durch chemische Behandlung wird
das fette Öl in großem Maßstabe von verschiedenen Pflanzen gewonnen und findet vielseitige Verwendung. Die Rückstände, Öl-
kuchen, enthalten noch viele Nährstoffe und bilden ein gutes Viehfutter.

§ 34. Mikroskopische Präparate. — Zarte kleine Schnitte
durch die Kartoffel zeigen die Stärkekörner; mit Jodlösung usw.
färben sie sich blau. An Schnitten von den Keimblättern von Erbsen
oder Bohnen sieht man, daß hier die Zellen angefüllt sind mit großen
Stärkekörnern und sehr kleinen Aleuronkörnern; letztere färben sich
mit Jodlösung gelb. Ferner sind die Stärkekörner der verschiedenen Getreidearten, besonders die der Gerste, näher zu untersuchen und sorgfältig zu zeichnen.

Um fettes Öl kennenzulernen, fertigt man Schnitte von Lein-
samen, Mandeln, Walnüssen usw. an.

6. Atmung.

§ 35. Alle lebenden Zellen müssen atmen, d. h. Energie ge-
winnen durch Verbrennung von Kohlenhydraten mit Hilfe von
Sauerstoff, wobei Kohlendioxyd und Wasser entstehen, wie folgende
Formel zeigt:

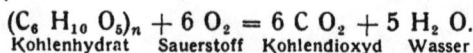

$$(C_6 H_{10} O_5)_n + 6 O_2 = 6 C O_2 + 5 H_2 O.$$

Kohlenhydrat Sauerstoff Kohlendioxyd Wasser

Das Kohlendioxyd wird dann wieder von den Pflanzen vermittelst
des Blattgrüns zum Aufbau der Stärke und der mit dieser in Zusammenhang stehenden organischen Nährstoffe verwendet (§ 26). Dies
ist der Kreislauf des Kohlenstoffs. Je energischer die Arbeits-
leistung eines Lebewesens ist, um so stärker muß die Atmung sein.
Besonders stark ist dieselbe bei keimenden Samen, da sich hierbei
wichtige Wachstumsvorgänge in kurzer Zeit vollziehen. Darauf
beruht die starke Wärmeentwicklung bei der keimenden Gerste,
mit welchem Vorgang auch die reichliche Entwicklung des schädlichen Kohlendioxyds Hand in Hand geht. Außerordentlich gering,
oft kaum nachweisbar, ist die Atmung während der Ruhezustände

(Samen, Dauersporen). Pflanzen, welche im Wasser usw. leben, entnehmen den zur Atmung nötigen Sauerstoff der umgebenden Flüssigkeit.

§ 36. Bei den höheren Pflanzen erfolgt der Gasaustausch zwischen den im Innern des Pflanzenkörpers befindlichen Zellen und der atmosphärischen Luft durch besondere mikroskopisch kleine Organe, die Spaltöffnungen. Diese bestehen aus zwei eigenartig ausgebildeten Zellen, den Schließzellen, die eine kleine Spalte zwischen sich lassen. Die Spaltöffnungen finden sich besonders auf der Unterseite der Blätter. Ihre Größe ist sehr verschieden je nach der Pflanzenart; im Durchschnitt erreichen sie 30 bis 50 μ Länge und auf 1 mm² kommen meist 200 bis 300 Spaltöffnungen. Die Schließzellen enthalten Blattgrünkörner, während die Oberhautzellen blattgrünfrei sind.

Die Zellen der meisten Gewebe schließen nicht lückenlos aneinander, sondern lassen kleine Hohlräume, die Zwischenzellräume oder Interzellularräume, zwischen sich. Diese stehen untereinander und schließlich mit den Spaltöffnungen in Verbindung und ermöglichen so die Durchlüftung des Pflanzenkörpers, z. B. den Zutritt der atmosphärischen Luft zu jeder Zelle.

Die höheren Pflanzen zeigen eine weitgehende Gliederung in besondere Organe, welche bestimmten Funktionen dienen: die Blätter dienen der Ernährung durch das Blattgrün sowie der Wasserverdunstung, die Wurzeln der Aufnahme der im Wasser gelösten Nährstoffe aus dem Erdboden, die Blüte der Fortpflanzung. Bei den niederen Pflanzen, besonders den einzelligen Organismen (z. B. Hefe, Bakterien), vollziehen sich alle diese Lebensvorgänge in einer Zelle; eine Arbeitsteilung ist hier noch nicht eingetreten.

§ 37. Mikroskopische Präparate. — Die Oberhaut von Tulpenblättern hat große charakteristische Spaltöffnungen. Querschnitte derselben zeigen die Zwischenzellräume und außen die ververkorkte Kutikula (§ 19).

7. Gerste.

§ 38. Gerste und Hopfen gehen aus Blüten hervor. Zum Verständnis der Einzelheiten sowie der Einteilung des Pflanzenreichs (§ 55) ist es daher notwendig, den Bau der Blüte im allgemeinen kennenzulernen.

Die Blüte dient der Fortpflanzung; durch Hervorbringung keimfähiger Samen wird für die Erhaltung und Ausbreitung der Art gesorgt. Eine vollständige Blüte enthält die Fortpflanzungsorgane (Staubblätter und Fruchtblätter), welche umgeben werden von der Blütenhülle (Kelch und Krone), die aber bisweilen fehlt.

Die Fruchtblätter bilden den weiblichen Fortpflanzungsapparat (Stempel oder Pistill) und nehmen den Mittelpunkt der Blüte ein. Der Stempel besteht aus der Narbe, dem Griffel und dem Fruchtknoten, welcher in seinem Innern eine oder mehrere Samenanlagen mit der Eizelle enthält. Um den Stempel herum stehen die Staubblätter, die männlichen Fortpflanzungs- organe. Jedes Staubblatt (Staubgefäß) setzt sich zusammen aus einem mehr oder minder langen und dünnen fadenförmigen Teil, dem Staubfaden, und einem oberen dickeren rundlichen oder länglichen Teil, Staubbeutel oder Anthere. Letzterer enthält ein feines gelbliches Pulver, den Blütenstaub oder Pollen.

Wenn Stempel und Staubblätter sich in einer Blüte finden, nennt man dieselbe zwitterig (Gerste). Enthalten die Blüten nur Stempel oder nur Staubblätter, so sind sie eingeschlechtlich (Hopfen), und zwar im ersteren Falle weiblich, im letzteren Falle männlich.

Die Blumenkrone ist meist von bedeutender Größe und schön gefärbt; sie macht die Blüten auffällig für die Insekten (z. B. Bienen), welche sie besuchen, um ihre Nahrung daraus zu holen, wobei sie die Bestäubung vollziehen, d. h. den Blütenstaub auf die Narbe übertragen. Viele Blüten haben eine kleine und unansehnliche Blumenkrone und werden dann meist durch den Wind bestäubt.

Der Kelch ist meist von derberer Beschaffenheit und dient hauptsächlich zum Schutze der jungen Blütenteile im Knospen- zustande.

Bisweilen besteht die Blütenhülle nur aus einem Kreise von Blättchen und heißt dann Perigon (Hopfen). Bei den Gräsern kommt eine Blütenhülle nicht zur Ausbildung, da eigenartige Hoch- blätter, die Spelzen, die zarten Blütenteile schützen (Gerste).

Zur Zeit der Blütenreife springen die Staubbeutel auf und entlassen den Blütenstaub. Dieser besteht aus mikroskopisch kleinen einzelnen Zellen, welche die männlichen Fortpflanzungs- zellen darstellen. Der Blütenstaub gelangt durch den Wind oder durch Vermittlung der Insekten auf den obersten Teil des Stempels, die Narbe, und wächst hier zu einem Schlauch (Pollenschlauch) aus, welcher in die Narbe eindringt und im Innern des Stempels bis zur Samenanlage gelangt. Er dringt in diese ein und legt sich an die Eizelle an. Sein Zellkern tritt mit etwas Plasma in die Eizelle über und verschmilzt mit deren Zellkern. Dieser Vorgang, die Be- fruchtung, veranlaßt die Eizelle zu weiterem Wachstum, welches zur Bildung des Keimlings (Embryo) führt. Die Samenanlage wird zum Samen, der Fruchtknoten zur Frucht.

§ 39. Die Blüten der Gerste sind wie die aller Gräser (Gramineen) einfach gebaut. Sie enthalten die männlichen und die weiblichen Fortpflanzungsorgane, sind also Zwitterblüten. Eine Blütenhülle fehlt. Den Schutz der jungen zarten Blütenteile über- nehmen hier Hochblätter von derber und fester Beschaffenheit, Spelzen genannt.

In der Mitte der Blüte befindet sich der Stempel, bestehend aus dem länglichen Fruchtknoten, der von zwei fedrig-verzweigten Narben gekrönt ist; ein Griffel fehlt hier. In dem Fruchtknoten findet sich eine einzige Samenanlage. Um den Stempel herum stehen

die 3 Staubblätter mit langen zarten Fäden. Zwischen Fruchtknoten und Spelzen finden sich zwei am Grunde miteinander zusammenhängende mehr oder minder behaarte Schüppchen (*lodiculae*)
von ungefähr eiförmiger Gestalt (Fig. 14). Dieselben zeigen ver-
schiedenartigen Bau und sind daher von Interesse für die Unterscheidung der Sorten.

Von den beiden Spelzen ist die äußere, die D e c k - oder R ü c k e n -
s p e l z e (*palea inferior*), tiefer eingefügt und größer: sie umfaßt
seitlich die innere, die V o r - oder B a u c h s p e l z e (*palea superior*),
welche in der Mitte eine tiefe Längsfurche zeigt. Die Rückenspelze
läuft in eine lange dünne starre Granne aus, welche aufwärts ge-
richtete feine Zähnchen trägt. Derartige Zähnchen finden sich auch
auf den vorspringenden Nerven der Rückenspelzen und bilden am
reifen Korn die „B e z a h n u n g".

Bei allen Gräsern verwächst der einzige Same vollkommen mit
der Fruchtwand zu einem Körper. Eine derartige Frucht, welche
sich nicht öffnet, wird als S c h l i e ß f r u c h t (*caryopsis*) bezeichnet.
Bei der Gerste verwächst die Frucht außerdem noch mit der Rücken-
und der Bauchspelze, so daß diese beim Dreschen sich nicht loslösen
können wie beim Weizen und Roggen (Spreu).

§ 40. Der Blütenstand der Gerste bildet eine zusammengesetzte
Ähre, da die einzelnen Ährchen wiederum direkt an der Hauptachse
(Spindel) stehen. Dieselbe ist ebenso wie der Stengel (Halm) knotig
gegliedert. Die einzelnen Glieder der Spindel sind kurz und das
Ganze ist stark hin und her gebogen.

Die Ährchen der Gräser sind ein- bis vielblütig; beim Weizen
bestehen sie aus 2 bis 4 Blüten, bei der Gerste dagegen nur aus einer
Blüte. In der Längsfurche der Bauchseite des Gerstenkorns findet
sich ein auch mit bloßem Auge sichtbares borstenförmiges Gebilde,
die B a s a l b o r s t e, welches einen Überrest der Ährchenachse dar-
stellt. Sie erreicht $\frac{1}{4}$ bis $\frac{1}{3}$ der Kornlänge und trägt verschiedenartige
Behaarung.

Vor jedem Ährchen stehen 2 kleine pfriemförmige H ü l l s p e l z e n,
welche beim Dreschen an der Spindel bleiben, am Gerstenkorn daher
nicht vorhanden sind.

An jedem Absatz (Knoten) der Spindel stehen bei der Gerste
3 Ährchen nebeneinander. Diese 3 Ährchen der aufeinanderfolgenden
Knoten sind abwechselnd nach der einen und nach der anderen
Seite gerichtet, stehen also um 180° voneinander entfernt. Ährchen
der Knoten 1, 3, 5, 7 usw. stehen also genau übereinander auf der
einen Seite und die an den Knoten 2, 4, 6, 8 usw. auf der anderen
Seite des gesamten Blütenstandes.

Wenn alle 3 Ährchen des Spindelknotens normal ausgebildet
und fruchtbar sind, kommen auf jeder Seite der Spindel 3 senkrechte
Reihen (Zeilen) zustande, also im ganzen 6 Reihen, und solche Gersten
heißen s e c h s z e i l i g e (*Hordeum hexastichum*).

Bisweilen biegen sich die seitlichen Ährchen der gegenüber-
liegenden Spindelabsätze zueinander, so daß sich die Reihen mit den
Kornspitzen ineinanderschieben und an jeder Seite der Ähre eine
Doppelreihe entsteht, während die mittleren Ährchen jedes Knotens
je eine selbständige einfache Reihe bilden. Es entstehen also zwei einfache und zwei doppelte Reihen. Solche Gersten nennt man un-
gleichzeitig oder vierzeilig (*Hordeum tetrastichum*).

Wenn von den drei Ährchen jedes Spindelabsatzes nur das
mittlere normal ausgebildet ist, während die seitlichen verkümmert
sind, so entsteht auf jeder Seite der Spindel nur eine Reihe, und die
ganze Ähre erscheint stark zusammengedrückt; diese Gerste heißt
zweizeilig (*Hordeum distichum*). Von der zweizeiligen Gerste
gibt es zwei Varietäten. Bei der einen sind die Ähren schwach
nach abwärts geneigt, nickend: nickende oder lockerährige
Gerste (*H. distichum var. nutans*). Die andere Varietät zeigt dagegen
ziemlich aufrechte Ähren: aufrechte oder dichtährige Gerste,
Imperialgerste, Diamantgerste (*H. distichum var. erectum*).

Sechszeilige Gersten werden in Europa selten, häufig aber in
Nordamerika als Braugersten verwendet. Vierzeilige Gersten werden besonders in Südosteuropa gebaut und kommen vereinzelt
als billige Braugersten in den Handel. Am besten eignen sich zu
Brauzwecken zweizeilige Sommergersten, und zwar nickende Gersten,
jedoch werden auch Imperialgersten mit gutem Erfolg verwendet.

§ 41. Für den Brauer ist es von Wichtigkeit, Merkmale zu
haben, an denen man unterscheiden kann, ob eine Gerste, welche er
als Handelsware bezogen hat, zu der einen oder zu der anderen Abart
gehört, und ob sie einheitlich ist. Gleichmäßige und einheitliche
Ware ist für erfolgreiches Arbeiten beim Weich- und Keimprozeß
von größer Bedeutung.

Sechszeilige Gersten fallen auf durch die langen strohigen
Körner und können nicht leicht mit zweizeiligen Braugersten ver-
wechselt werden. Bei den vierzeiligen Gersten sind die Körner der
seitlichen Doppelreihen wesentlich schwächer als die der Mittel-
reihen. Auch erscheinen die meisten derselben etwas um die Längsachse gedreht, so daß die Längsfurche auf der Bauchseite eine etwas
gebogene Linie beschreibt, und die Spitze des Kornes ist meist ein
wenig nach der Seite gebogen, was besonders auf der Rückenseite
sichtbar ist. Solche Körner nennt man Krummschnäbel; sie
sollen in keiner guten Braugerste enthalten sein.

Zur Unterscheidung der Sorten der zweizeiligen Gersten können
hauptsächlich herangezogen werden:

1. die Kornbasis,
2. die Basalborste,
3. die Schüppchen,
4. die Bezahnung auf den Nerven der Rückenspelze.

Die Kornbasis bildet bei den nickenden oder lockerährigen
Sorten eine glatte schräge Fläche (Fig. 12A). Besonders unter einer

guten Lupe ist die Beschaffenheit der Kornbasis deutlich zu erkennen. Die Körner der dichtährigen Sorten (Imperialgerste) dagegen zeigen an der Kornbasis eine eigentümliche Einfaltung, eine Nute, manchmal auch einen kleinen Wulst oder Nute und Wulst (Fig. 12B). Letzteres findet sich auch bei den sechszeiligen Gersten.

Die Basalborste ist bei den dichtährigen Gersten sehr veränderlich, meist besenförmig behaart gedrungen keilförmig (Fig. 13A). Hat man jedoch an der Beschaffenheit der Kornbasis erkannt, daß

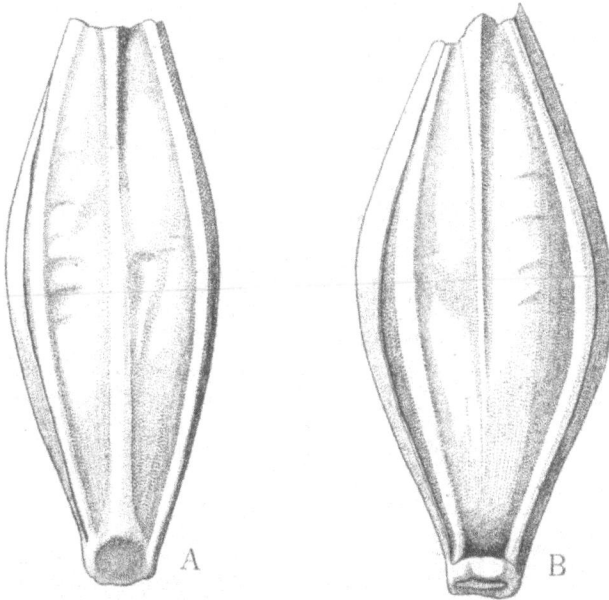

Fig. 12. Kornbasis der Gersten.
A Lockerährige Gerste: Kornbasis mit einfacher Abschrägung.
B Dichtährige Gerste: Kornbasis mit Wulst und Nute.

die Gerste zu den lockerährigen gehört, so bietet die Beschaffenheit der Basalborste ein zuverlässiges Merkmal, um zu unterscheiden, ob die Gerste zu den sogenannten Landgersten, dem Typus a der Deutschen Landwirtschaftsgesellschaft, oder zu den Chevaliergersten, Typus c der Deutschen Landwirtschaftsgesellschaft, gehört. Bei den Landgersten, zu welchen die Hannagerste, Frankengerste, böhmische Gerste, Probsteier Gerste, slowakische Gerste gehören, ist die Basalborste lang behaart, besenförmig, diejenige der Chevaliergersten dagegen zeigt eine feine kurze mehr wollige Behaarung (Fig. 13B).

Bei den Schüppchen unterscheidet man drei Hauptformen: 1. die Schüppchen der Landgersten mit großem Blatteil und langen oft verwirrt liegenden Haaren (Fig. 14*B*); 2. die Schüppchen der Chevalliergerste mit großem Blatteil, einzelnen langen Haaren und dichtem kurzen Unterhaar (Fig. 14*C*); 3. die Schüppchen der dichtährigen Gersten mit kleinem Blatteil und sehr langen meist fächerförmig gespreizten Haaren (Fig. 14*A*). Die Freilegung und Untersuchung der Schüppchen gelingt leicht, wenn man die Gerste vorher einige Stunden einweicht oder sie mit wenig Wasser kurze Zeit erwärmt.

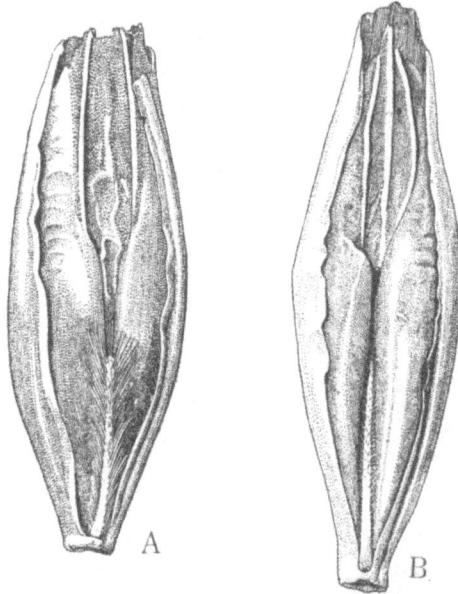

Fig. 13. Basalborste der Gersten.
A Landgerste: Besenförmig lang behaart.
B Chevalliergerste: Fein kurzwollig behaart.

Die Art der Bezahnung ist zwar für manche Sorten charakteristisch, jedoch ist sie nicht beständig und hat daher für die Unterscheidung der einzelnen Sorten weniger Bedeutung.

Um zu entscheiden, zu welcher Sorte eine vorliegende Gerste gehört bzw. ob sie zu den bevorzugten Braugerstensorten gehört und ob sie einheitlich und sortenrein ist, muß hauptsächlich auf folgendes geachtet werden:

1. Deutlich ausgebildete Krummschnäbel sollen überhaupt nicht vorhanden sein.

2. Die Kornbasis soll eine glatte schräge Fläche bilden. Wulst oder Nute finden sich bei Imperialgersten, welche nur vereinzelt zu Brauzwecken verwendet werden. Die Kornbasis sei bei allen Körnern gleich.

3. Die Basalborste sei entweder bei allen Körnern besenförmig lang behaart (Landgerste) oder kurz wollig behaart (Chevalliergerste).

Die Beschaffenheit der Kornbasis und der Basalborste erkennt man am besten unter einer guten Lupe (Vergrößerung mindestens sechsfach).

8. Innerer Bau des Gerstenkorns.

§ 42. Der innere Bau des Gerstenkorns zeigt folgende Einzelheiten, die am besten auf einem medianen Längsschnitt zu sehen sind.

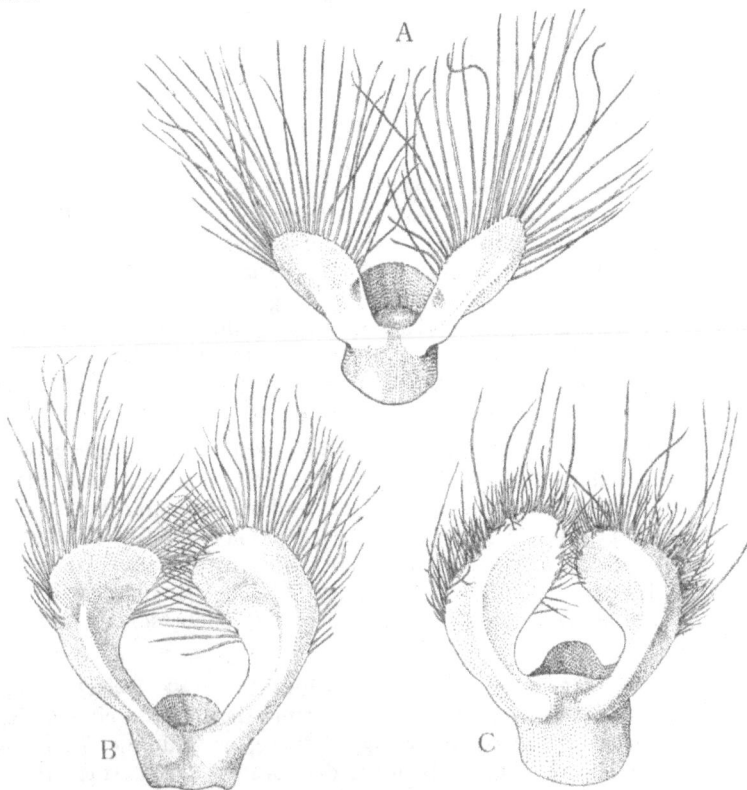

Fig. 14. Schüppchen der Gerste.
A Imperialgerste: Haare sehr lang, fächerförmig gespreizt.
B Landgerste: Haare lang und wirr.
C Chevalliergerste: Einzelne lange Haare und dichtstehende kürzere Haare.

Die äußersten Zellschichten gehören den Spelzen an und bestehen aus Zellen mit verdickten und verholzten Wänden. Darauf folgt die stark zusammengedrückte aus dünnwandigen Zellen aufgebaute Fruchtwand und hieran schließt sich die zarte aus kleinen Zellen bestehende Samenschale. Die Zellen der Spelzen, der Fruchtwand und der Samenschale sind leer und führen Luft. Der übrige umfangreichste Teil des Korns umfaßt den eigentlichen Samen, d. h. den Keimling und das die Reservenährstoffe enthaltende Nährgewebe (Endosperm). Der Teil, wo der Keimling liegt, wird als der untere des Gerstenkorns bezeichnet und der entgegengesetzte als der obere oder die Spitze.

Der Keimling enthält die Anlage des zukünftigen Sprosses mit mehreren Blättchen (*plumula*) und ein kurzes Würzelchen. Die Verbindung zwischen dem Keimling und dem hier sehr bedeutenden Nährgewebe wird durch ein zwischen denselben liegendes abgeplattetes Saugorgan, das Schildchen, gebildet. Dieses besteht aus zartwandigen regelmäßig nebeneinander angeordneten langgestreckten Zellen, welche die Zuleitung der flüssigen Nährstoffe sehr erleichtern.

In dem Nährgewebe sind Stärke und Eiweiß getrennt abgelagert. Die Eiweißverbindungen (Aleuron oder Kleber) finden sich in den äußeren Zellschichten rings um das ganze Nährgewebe herum mit Ausnahme des Teiles, wo dasselbe an das Schildchen grenzt. Diese eiweißführenden Schichten werden als Kleberschicht bezeichnet. Ihre Zellen sind auf dem Quer- oder Längsschnitt verhältnismäßig klein, ungefähr rechteckig, dickwandig und ziemlich regelmäßig aneinandergelagert; sie sind dicht gefüllt mit sehr kleinen Aleuronkörnchen. Bei der Gerste besteht die Kleberschicht meist aus 3 Zellreihen, beim Weizen und Roggen aus nur einer Zellschicht.

Der ganze übrige Teil des Nährgewebes baut sich auf aus großen länglichen dünnwandigen Zellen, welche mit Stärkekörnern dicht erfüllt sind. Er heißt der Mehlkörper und stellt den für den Brauer wichtigsten Teil dar. Die Stärke ist ein Gemenge von linsenförmigen Körnern von 20 bis 30 μ, selten über 35 μ Größe und kugeligen oder vieleckigen kleineren Körnchen (§ 32). Außerdem finden sich im Keimling, im Schildchen und in der Kleberschicht geringe Mengen fettes Öl.

Der Eiweißgehalt der Gerste schwankt etwa zwischen 8,5 bis 17% der Trockensubstanz. Wenn eine Gerste sehr eiweißreich ist, enthält sie entsprechend weniger Stärke, was für die Ausbeute von Nachteil wäre. Daher benutzt der Brauer eiweißarme Gerste von etwa 9 bis 12%, im Mittel 10% Eiweiß. Solche Gersten werden als Braugersten, die anderen als Futtergersten bezeichnet.

§ 43. Mikroskopische Präparate. — Querschnitte durch das Gerstenkorn zeigen den angegebenen Bau desselben. Mit Jodlösung behandelt, färben sich Stärke und Zellulose blau, der Inhalt der Kleberschicht gelb. Der Inhalt der letzteren, die Aleuronkörner, nehmen Farbstoffe (z. B. Methylenblau, Fuchsin) auf, während die Stärke dies nicht tut und daher farblos bleibt.

Längsschnitte durch das Gerstenkorn, die möglichst durch die Mitte desselben gehen müssen, zeigen den Keimling und seine Bestandteile sowie das Schildchen.

9. Das keimende Gerstenkorn.

§ 44. Die im Keimling (§ 42) angelegten Organe entwickeln sich bei der Keimung, die nur bei entsprechender Menge von Wärme und Feuchtigkeit vor sich geht. Bei der Malzbereitung wird sie künstlich durch das Einweichen eingeleitet und auf der Tenne durchgeführt. Aus der Anlage des jungen Sprosses (*plumula*) entwickelt sich der oberirdische Teil, der Sproß, bestehend aus der Sproßachse (Stengel) und ihren Anhangsorganen, den Blättern. Das Würzelchen des Keimlings entwickelt sich nicht weiter, und es entstehen, wie bei allen Gräsern, frühzeitig mehrere Nebenwurzeln aus dem untersten Teile des Stengels; bei der Gerste sind es meistens 3 oder 5 Würzelchen.

Die Wurzeln der Pflanzen wachsen abwärts in die Erde, der Sproß aufwärts, dem Sonnenlicht zu. Diese verschiedenen Richtungen der Pflanzenorgane werden bestimmt durch den Einfluß der Schwerkraft und des Sonnenlichts.

In der Mitte der Wurzeln der Gerste verläuft ein Strang von besonderen Geweben, welche die Leitung des Wassers mit den Nährstoffen usw. besorgen und ihnen auch die nötige Festigkeit geben. Dieser Gewebestrang wird als Leitbündel (Gefäßbündel) bezeichnet. Einzelheiten zeigt ein Querschnitt durch die jungen Wurzeln. Die hier sichtbaren größten Zellen sind Gefäße (§ 21). Die Gewebe außerhalb des Leitbündels stellen die Wurzelrinde dar. Überall wo drei oder mehrere Zellen aneinandergrenzen, finden sich kleine luftführende Zwischenräume (Interzellularräume § 36).

Die äußerste Zellage der Wurzel, die Oberhaut oder Epidermis, besteht aus Zellen, welche lückenlos aneinanderschließen und so einen Schutz nach außen bilden. Viele Oberhautzellen der jungen Wurzeln wachsen zu Haaren aus (Wurzelhaare), welche zur Aufnahme des Wassers mit den darin gelösten anorganischen Nährstoffen aus dem Boden dienen.

Das Längenwachstum der Wurzeln findet, ebenso wie beim Sproß, an der äußersten Spitze, dem Vegetationspunkt, statt. Die Neubildung der Zellen erfolgt durch Zweiteilung, welche hier gleichzeitig in zahlreichen Zellen vor sich geht (§ 13). Der Vegetationspunkt des Sprosses ist von den jüngsten sich über denselben wölbenden Blättern bedeckt und somit gut geschützt. Da den Wurzeln Blätter stets fehlen, wird ihr Vegetationspunkt von einem besonderen Schutzgewebe, der Wurzelhaube, mützenförmig bedeckt. Die äußersten Zellschichten derselben werden nach und nach abgestoßen und gehen zugrunde; sie werden von innen her durch neu entstehende Zellschichten ersetzt. Betrachtet man eine solche Wurzelspitze bei starker Vergrößerung, so sieht man deutlich, wie sich das Gewebe in einzelne Zellen auflöst. Diese sind aber nicht lebensfähig wie die einzelligen Organismen, sondern gehen rasch zugrunde und erleichtern so der vordringenden Wurzelspitze das Eindringen in das Erdreich.

§ 45. Bei der Keimung der Samen müssen die in fester Form vorhandenen Reservenährstoffe in Lösung übergeführt werden, da nur Flüssigkeiten von Zelle zu Zelle wandern und so in den sich entwickelnden Keimling gelangen können. Diese Auflösung vollzieht sich mit Hilfe von bestimmten organischen Verbindungen, Enzyme oder Fermente[1]) genannt, welche die Fähigkeit haben, durch bloße Berührung (Kontakt), ohne selbst eine chemische Veränderung zu erleiden oder selbst eine chemische Verbindung einzugehen, die Umwandlung einer verhältnismäßig großen Menge einer organischen Substanz in einfachere Verbindungen zu bewirken.

Verschiedene Enzyme treten bei der keimenden Gerste in Tätigkeit. Die Umwandlung der einzelnen Reservenährstoffe in flüssige Verbindungen vollzieht sich stets durch ein bestimmtes Enzym, das für andere Stoffe wiederum unwirksam ist. Die Stärke wird durch die Diastase[2]) oder genauer gesagt durch die Amylase[3]) in Maltose usw. verwandelt. Die dabei vor sich gehenden Veränderungen kann man an Schnitten von keimenden Gerstenkörnern auch unter dem Mikroskop Hand in Hand mit der fortschreitenden Keimung verfolgen. Infolge der Auflösung wird der Rand der Stärkekörner unregelmäßig; es entstehen Löcher und Buchten, die nach und nach größer werden, bis das ganze Korn aufgelöst ist. Blaufärbung mit Jodlösung tritt dort, wo die Umwandlung begonnen hat, nicht mehr ein; die betreffenden Stellen färben sich rotbraun.

Andere Enzyme vermitteln die Umwandlung der übrigen Reservenährstoffe. Die Eiweißverbindungen, besonders die Aleuronoder Proteinkörner werden durch die Protease[4]), die fetten Öle durch die Lipase[5]) in die für ihren Transport und für die Ernährung des Keimlings geeigneten Formen übergeführt. Ein anderes Enzym, die Cytase[6]), besitzt die Fähigkeit, die Zellulose aufzulösen und in Nährstoffe für den Keimling umzuwandeln.

Die hier in Betracht kommenden Enzyme sind in dem reifen Gerstenkorn bereits vorhanden, aber in einem noch unwirksamen Zustande (Proenzyme); erst bei dem Keimungsprozeß werden sie wirksam. Die Wirkung der Enzyme ist sehr abhängig von der Temperatur. Bei 0° C ist die Diastase fast wirkungslos, dann steigt ihre Wirkung allmählich und bei 55 bis 63° C ist ihre Leistung am höchsten; dann nimmt die Wirksamkeit nach und nach ab und bei 80° C wird sie zerstört.

---

[1]) Von *zymoo* (griechisch) ich bringe in Gärung; *fermentum* (lateinisch) das zum Gären bringende.

[2]) *Diastasis* (griechisch) Sonderung, Trennung; *ase* ist die charakteristische Endung für die Enzyme.

[3]) *Amylum* (lateinisch) Stärke.

[4]) Protein von *protos* (griechisch) das erste, wegen der Wichtigkeit der Eiweißverbindungen.

[5]) *Lipos* (griechisch) Fett.

[6]) *Kytos* (lateinisch) Haut, hier Zellwand.

Die Auflösung der festen Reservenährstoffe, welche in der Natur bei der Keimung des Gerstenkorns im Laufe von mehreren Wochen vor sich geht, vollzieht sich bei dem Maischprozeß in wenigen Stunden und in anderer Weise. Untersucht man während dieses Vorgangs den Zustand der Stärkekörner im Malzschrot, so beobachtet man dieselben Veränderungen, welche wir bei der keimenden Gerste kennengelernt haben. Die charakteristische Blaufärbung mit Jod nimmt nach und nach ab, bis schließlich, wenn keine Stärke mehr vorhanden ist, sie ganz ausbleibt. Dann ist der möglichst günstige Abbau der Stärke und somit die höchste Ausbeute des Malzes erreicht.

Die Temperatur, bei welcher sich das Keimen der Gerste vollzieht, ist von Einfluß auf die Wirksamkeit der verschiedenen Enzyme. Bei niederen Temperaturen, z. B. bei 15 bis 17° C, entwickeln sich weniger eiweißlösende Enzyme (Proteasen), und daher lösen sich dann beim Maischprozeß weniger Eiweißverbindungen, was von großer Bedeutung für eine gute Würze ist, denn eiweißreiche Würze bietet vielerlei Gefahren.

Der Zweck der Mälzerei besteht also darin, daß die im Gerstenkorn noch unwirksamen Enzyme in wirksamen Zustand, in Diastase übergeführt werden, damit beim Maischprozeß die Stärke in Maltose umgewandelt werden kann. Ohne die Diastase ist dies nicht möglich.

§ 46. Die Unterbrechung des Keimprozesses auf der Tenne muß rechtzeitig erfolgen, d. h. dann, wenn die richtige Menge von Diastase vorhanden ist. Zu wenig wäre schädlich, weil dann beim Maischprozeß die Verzuckerung der Stärke nicht vor sich gehen kann. Wenn dagegen die Gerste zu lange Zeit keimt, entwickelt sich der junge Sproß (Blattkeim) weiter auf Kosten der Reservenährstoffe, besonders der Stärke. Dies wäre ein großer Verlust bei der Ausbeute. Die zu starke Entwicklung des Blattkeims nennt man »Husarenbildung«.

Nur Gerste, welche imstande ist zu keimen, kommt für den Brauer in Betracht. Um Näheres in dieser Hinsicht feststellen zu können, bestimmt man die Keimungsenergie und die Keimkraft. Es gibt hierfür zahlreiche Apparate, von denen manche auch gut und praktisch sind. Es kommt überall darauf an, den Samen gleichmäßig Feuchtigkeit zuzuführen. Dies kann man auch erreichen, indem man gutes Fließpapier zusammenfaltet und an den Rändern umlegt. In diese Papierkapsel bringt man 100 oder 200 Körner, legt die Kapsel in eine doppelte Glasschale oder in einen tiefen Teller und hält sie gleichmäßig feucht und warm. Nach 3 Tagen stellt man fest, wieviel Körner gekeimt haben; auf 100 berechnet, bekommt man dann die Keimungsenergie. Nach weiteren 3 bis 5 Tagen haben alle gesunden Körner gekeimt. Man zählt wiederum und stellt so fest, wieviel Prozent die Keimfähigkeit beträgt. Normale Gerste soll 90 bis 92% Keimungsenergie und 96% Keimfähigkeit besitzen.

§ 47. Mikroskopische Präparate. — Quer- oder Längs-schnitte durch keimende Gerstenkörner verschiedenen Alters zeigen die Veränderungen, welche die Stärkekörner durchmachen. Durch Behandlung mit Jodlösung stellt man fest, wieviel Stärke noch unverändert ist. Junge Wurzeln, besonders solche, welche sich in feuchter Luft entwickelt haben, zeigen meist reiche Ausbildung der Wurzelhaare. Die Spitze der Wurzeln zeigt schon bei schwacher Vergrößerung die Wurzelhaube. Bei stärkerer Vergrößerung erkennt man dann die beschriebenen Einzelheiten. Auf Querschnitten durch die jungen Wurzeln sieht man das Leitbündel, die Wurzel-rinde usw.

10. Malzkeime und Treber.

§ 48. Die Würzelchen des Grünmalzes enthalten keine Stoffe, welche bei der Bierbereitung Verwendung finden. Sie werden daher durch „Putzen" entfernt und bilden als Malzkeime ein wertvolles Viehfutter, da sie reich an für die Tiere nützlichen Nährstoffen sind.

Da ein großer Teil der Eiweißverbindungen und des fetten Öles bei dem Maischprozeß nicht gelöst werden, so finden sich diese Stoffe in verhältnismäßig großen Mengen in den Trebern. Dieselben enthalten im Durchschnitt 80% Wasser, 4,6% Eiweiß und 1 bis 1,5% Fett; außerdem findet sich in ihnen immer noch etwas Stärke, während Zellulose sehr reichlich vorhanden ist. Biertreber sind daher ebenfalls ein vorzügliches Viehfutter.

11. Hopfen.

§ 49. Der Hopfen (*Humulus lupulus L.*) ist eine Windepflanze, d. h. die schwachen 4 bis 5 m langen Sprosse können nicht allein aufrecht stehen, sondern winden sich um eine Stütze, z. B. den Stamm eines Baumes oder Strauches. In der Kultur zieht man daher den Hopfen an Stangen, Drähten, Schnüren usw.

Der Hopfen gehört zu den ausdauernden krautigen Pflanzen; alle oberirdischen Teile sterben im Herbst ab, und nur der unter der Erde befindliche Wurzelstock (Grundachse, Rhizom) mit zahlreichen Wurzeln und mehreren Knospen für das nächste Jahr überwintert. Die Wurzelstöcke können während der Ruhezeit, am besten zu Beginn des Frühlings, aus dem Boden genommen und in entsprechend große Stücke zerschnitten als Pflanzmaterial (Fechser) verwendet werden. Nur kräftige Pflanzen von guten Sorten sollen zur Vermehrung benutzt werden.

Der Stengel des Hopfens ist kantig und mit kleinen gebogenen Haaren besetzt. Die Blätter sind meist 3 bis 5lappig und am Grunde herzförmig.

Die Blüten zeigen sehr einfachen Bau; sie sind eingeschlechtlich und auf verschiedene Pflanzen verteilt. Der Hopfen ist also eine zwei-häusige (diözische) Pflanze. Die männlichen Blüten haben eine einfache aus 5 kleinen Blättchen bestehende Blütenhülle (Perigon) und 5 Staubblätter; sie stehen in reich verzweigten Blütenständen, Rispen genannt. Die weiblichen Blüten bilden zierliche Köpfchen und sind sehr klein. Sie bestehen aus dem Fruchtknoten und 2 langen fadenförmigen Narben; der Fruchtknoten ist umgeben von einem zarten becherförmigen Organ, dem Überrest der Blütenhülle. Zu jeder weiblichen Blüte gehört ein schuppenförmiges Vorblatt, und je 2 oder mehr solcher Blüten stehen hinter einem zur Blütezeit etwas größeren Deckblatt. Der weibliche Blütenstand entwickelt sich nach und nach zu einem zapfenartigen Fruchtstand, Hopfendolde genannt. An der 8 bis 10 mal knieförmig hin und hergebogenen Achse (Spindel) stehen dichtgedrängt die stark vergrößerten und pergamentartig gewordenen Vorblätter. Die Übertragung des sehr kleinen Blütenstaubes erfolgt durch den Wind. Die Frucht ist ein 3 bis 4 mm langes geripptes Nüßchen.

In den Hopfengärten finden sich ausschließlich weibliche Pflanzen, da nur die Fruchtstände geerntet werden. Dieselben sollen möglichst ohne Früchte (Kugeln) sein, weil diese verschiedene schädliche Stoffe enthalten. Daher entfernt man alle wildwachsenden Hopfenpflanzen in der Umgebung der Kulturen, um die Bestäubung bzw. die Befruchtung zu verhindern.

Die wirksamen Stoffe sind in den etwa $1/5$ mm großen Hopfendrüsen oder Lupulinkörnern enthalten, welche sich besonders auf dem unteren Teile der Vorblätter und auf der Spindel befinden. Die Hopfendrüsen sind ihrer Entstehung, Bau und Beschaffenheit nach Drüsenhaare, d. h. Anhangsorgane der Oberhaut, welche bestimmte Ausscheidungsstoffe (Sekrete) absondern. Anfangs sind die Hopfendrüsen flach schüsselförmig und haben einen sehr kurzen Stiel. Das Sekret wird durch die Außenwand hindurch zwischen dieser und der Kutikula (§ 19) abgelagert. Letztere wird dadurch immer mehr hochgehoben, so daß die ausgebildete Hopfendrüse eine ungefähr kugelige Gestalt hat. In diesem Stadium muß der Hopfen geerntet werden, andernfalls platzt die Kutikula, das Sekret ergießt sich über die benachbarten Teile und die wirksamen Stoffe gehen verloren.

Das Hopfensekret ist ein Balsam oder Weichharz, d. h. eine Mischung von ätherischem Öl und Hopfenharz. Außerdem finden sich darin Bitterstoffe, Gerbstoffe usw. Als ätherische Öle bezeichnet man im Gegensatz zu den fetten Ölen (§ 33) solche, welche völlig verdunsten und keine Fettspuren hinterlassen. Sie haben einen starken oft angenehmen Geruch.

Licht, Luft und Wärme wirken ungünstig auf den Hopfen; die Bitterstoffe liefern bei der Oxydation unangenehm riechende Fettsäuren. Ferner verändert sich auch das Hopfenöl. Deshalb muß Hopfen dunkel und kühl bei möglichst wenig Luftzutritt aufbewahrt werden.

Der Hopfen stellt bestimmte Forderungen an Boden und Klima; daher ist erfolgreicher Anbau auf gewisse Gegenden beschränkt.

Bruchstücke der Vorblätter des Hopfens finden sich gelegentlich im Bier bzw. im Faßgeläger; sie sind besonders an den stark gewellten Wänden der Oberhautzellen und den parallel verlaufenden Nerven zu erkennen.

§ 50. Mikroskopische Präparate. — Die Hopfendrüsen werden nach Abschaben von den Fruchtschuppen in einen Tropfen Wasser auf den Objektträger gebracht und zunächst in diesem Zustande betrachtet. Durch Zusatz von etwas Natronlauge quellen sie auf und runden sich mehr und mehr ab. Um die Entstehung der Hopfendrüsen kennenzulernen, muß man sehr junge weibliche Blütenstände von Beginn ihrer ersten Entwicklung an nach und nach einsammeln und zarte Querschnitte der Teile herstellen, welche die Drüsenhaare tragen.

12. Verschiedene Stoffe pflanzlichen Ursprungs.

§ 51. Das Brauerpech wird aus Harz der Nadelbäume, besonders der Fichte, dargestellt, indem man das Harz in offenen gußeisernen Kesseln erhitzt, bis es den Terpentingeruch verloren hat. Das Harz der Nadelbäume entsteht in besonderen Kanälen, welche mit zarten Zellen ausgekleidet sind, deren lebendes Plasma das Harz ausscheidet. Durch künstliche Verletzung kann der Baum zur stärkeren Harzausscheidung veranlaßt werden.

§ 52. Kautschuk ist in Form kleiner Kügelchen im Milchsaft vieler Pflanzen enthalten; die wichtigsten kautschukliefernden Pflanzen gehören den tropischen Gebieten an. Durch Einschnitte in die Rinde werden die milchsaftführenden Zellen verletzt und dadurch das Ausfließen des Milchsaftes veranlaßt, welcher dann gerinnt und eintrocknet. Nach Entfernung aller fremden Stoffe wird der reine Kautschuk technisch weiterverarbeitet und dann vielfach als Gummi bezeichnet. Er zeichnet sich aus durch Elastizität, Dauerhaftigkeit und leichte Verarbeitung zu den verschiedensten Gegenständen.

§ 53. Die lebenden Pflanzen scheiden vielfach Stoffe aus, die für sie keine weitere Bedeutung haben oder sogar schädlich für sie sind; solche Stoffe werden als Sekrete bezeichnet. Ein solches für die Pflanze schädliches Ausscheidungsprodukt ist z. B. die Oxalsäure. Sie wird unschädlich gemacht durch die Verbindung mit kohlensaurem Kalk, wodurch oxalsaurer Kalk entsteht, der in Form von Kristallen auftritt. Solche Kristalle bilden häufig doppelte vierseitige Pyramiden (Oktaeder) und kommen auch in den Geweben des Hopfens vor; durch diesen gelangen sie in das Bier und finden sich bisweilen im Faßgeläger usw.

§ 54. Die übliche Filtermasse besteht aus Baumwolle, der in vielen Fällen und je nach Bedarf geringe Mengen von Asbest beigemengt sind.

Das verwendete Material sind die Samenhaare der Baumwolle, welche nur in wärmeren Ländern angebaut werden kann Die erbsengroßen schwarzen Samen der Baumwolle sind mit langen meist weißen Haaren bedeckt. Sie sind einzellig bandförmig, meist korkzieherartig gedreht, sehr lang (12 bis 50 mm) und 12 bis 45 μ breit. Die Wandung der Baumwollhaare besteht aus Zellulose (§ 14).

Asbest ist ein mineralisches Produkt, bestehend aus Magnesia, Kalk und Kieselsäure. Derselbe bildet weiche etwas elastische lose miteinander verbundene etwa 30 cm lange meist parallel verlaufende leicht voneinander trennbare Fasern, welche durchscheinend und meist grünlich-weiß sind. Er hat Perlmutterglanz und fühlt sich weich und seidig an. In Säure ist er unlöslich; erst bei hoher Temperatur schmilzt er zu einem weißen Email.

Verschiedene Materialien pflanzlichen und tierischen Ursprungs kommen als Beimengungen bzw. Verfälschung der Filtermasse vor. Flachs und Hanf z. B. sind daran leicht zu erkennen, daß die gestreckten verholzten Zellen (Bastfasern) zu Bündeln vereinigt sind. Zusatz von Holz erkennt man an dem anatomischen Bau der einzelnen Zellen. Hauptsächlich kommen Nadelhölzer in Betracht, deren langgestreckte Zellen an den behöften Tüpfeln (§ 16) leicht zu erkennen sind.

Tierische Haare sind Horngebilde und bestehen aus der Kutikula, der Rindensubstanz und dem Mark; letzteres kann auch fehlen, z. B. bei vielen Sorten von Schafwolle. Die Kutikula wird aus plattenförmigen, frei aneinandergelagerten oder dachziegelförmig ineinandergeschobenen Schüppchen gebildet; die Größe derselben ist eine konstante. Tierische Haare färben sich mit Zucker und Schwefelsäure rosa, mit kochender Pikrinsäure gelb; verdünnte Schwefelsäure und Chromsäure sowie schwache Kalilauge zerlegen die Haare in die einzelnen Bestandteile. Tierische Haare geben beim Verbrennen einen Geruch nach verbrannten Federn, während Pflanzenfasern meistens geruchlos verbrennen.

III. Einteilung des Pflanzenreiches.

§ 55. Diejenigen Pflanzen, bei denen die allgemeine Organisation, besonders auch die der Fortpflanzungsorgane, große Übereinstimmung zeigt, werden zu einer Art (species) vereinigt. Die Individuen mancher Arten stimmen sonst überein, zeigen aber geringfügige Abweichungen in bezug auf die Form der Blätter, Behaarung, Blütenfarbe, Beschaffenheit der Frucht oder auch in bezug auf ihre inneren (physiologischen) Eigenschaften usw. und werden dann als Abart (varietas), Form, Sorte, Rasse unterschieden. Beispiele hierfür liefern Gerste und Hopfen, Hefe, Obstbäume, Kartoffeln, viele Zierpflanzen.

Nahe verwandte Arten bilden eine Gattung (genus). Diejenigen Gattungen, welche wiederum unter sich große Verwandtschaft zeigen, werden zu einer natürlichen Familie vereinigt und die am meisten verwandten Familien zu Ordnungen, Reihen, Abteilungen zusammengestellt. Das Ganze bildet dann schließlich das natürliche System, dessen kurze Übersicht folgende ist:

1. Lagerpflanzen *(Thallophyta)*.

Keine Gliederung des Vegetationskörpers in Stengel, Blätter und Wurzeln; alle Zellen sind ungefähr von gleicher Beschaffenheit. Ein derartiger Pflanzenkörper heißt Lager *(thallus)*.

A. **Algen** *(Algae)* mit Blattgrün. Meist im Wasser oder an feuchten Orten lebend.

B. **Pilze** *(Fungi)* ohne Blattgrün. — Hierher gehören auch die Flechten.

2. Moospflanzen *(Bryophyta)*.

Meistens mit Stengel und sehr einfach gebauten Blättchen. Echte Wurzeln fehlen.

3. Farnartige Pflanzen oder Gefäßkryptogamen *(Pteridophyta)*.

Stengel, Blätter und Wurzeln sind vorhanden und enthalten Leitbündel. — Beispiele: Farnkräuter, Schachtelhalme (Zinnkraut).

Die Abteilungen 1 bis 3 pflanzen sich durch Sporen fort, die aus einer Zelle bestehen; sie werden daher als Sporenpflanzen bezeichnet. Auch sind ihre Fortpflanzungsorgane so klein, daß sie nur mit dem Mikroskop zu erkennen sind; deshalb werden sie verborgenblütige Pflanzen (Kryptogamen) genannt.

4. Samen- oder Blütenpflanzen *(Phanerogamae)*.

Die Fortpflanzung geschieht durch Samen, welche einen Keimling (Embryo) enthalten; die Fortpflanzungsorgane befinden sich auf besonderen Sprossen, den Blüten.

A. **Nacktsamige Pflanzen** *(Gymnospermae)*. Die Samenanlagen stehen frei auf der Oberfläche der offenen Fruchtblätter. — Beispiele: Nadelhölzer.

B. **Bedecktsamige Pflanzen** *(Angiospermae)*. Die Samenanlagen befinden sich im Innern der geschlossenen Fruchtblätter.

a) Einkeimblättrige Pflanzen *(Monocotyledonae)*. Keimling mit einem Keimblatt *(Cotyledon)*. Blütenteile meist in der Dreizahl, Blätter mit parallelen Nerven. Die Wurzel des Keimlings kommt nicht zur Entwicklung und an ihre Stelle treten zahlreiche Nebenwurzeln. — Beispiele: Tulpe, Gerste, Zwiebel.

b) Zweikeimblättrige Pflanzen *(Dicotyledonae)*. Keimling mit zwei Keimblättern; Blüten meist vier- und fünfzählig. Blätter mit Haupt- und Nebennerven. Die Wurzel des Keimlings entwickelt sich weiter. — Beispiele: Hopfen, alle Laubbäume, Bohnen, Kartoffel.

IV. Pilzkunde.

§ 56. Pilze sind blattgrünfreie Lagerpflanzen (§ 55). Ihr Vegetationskörper besteht entweder aus einer einzigen Zelle (Hefen, viele Bakterien) oder aus zahlreichen Zellen, die aber alle von ungefähr gleicher Beschaffenheit, Gestalt und Größe sind. Eine Arbeitsteilung ist bei ihnen in der Regel noch nicht vorhanden oder besteht höchstens bezüglich der Fortpflanzungsorgane.

Viele Pilze, besonders diejenigen, welche für das Braugewerbe von Bedeutung sind, sind sehr klein und nur mit dem Mikroskop erkennbar. Sie gehören also zu den **Mikroorganismen.**

Der vegetative Körper vieler Pilze, besonders der Schimmelpilze, hat eine schlauchförmige Gestalt und heißt dann Myzel[1]). In der Regel ist dasselbe reich verzweigt. Die einzelnen Zellfäden werden als Hyphen[2]) bezeichnet. Das Myzel besteht entweder aus einer einzigen Zelle oder es wird durch Bildung von Querwänden vielzellig.

A) Allgemeine Lebensverhältnisse der Pilze.

1. Bau und Beschaffenheit der Pilzzellen.

§ 57. Der Aufbau der Pilzzellen ist im allgemeinen derselbe wie bei den höheren Pflanzen (§ 11 bis 18). Das Fehlen des Blattgrüns bedingt, daß die Pilze sich nicht direkt von anorganischen Substanzen ernähren können. Sie brauchen organische Verbindungen als Nahrung, sind also Schmarotzer oder Fäulnisbewohner (§ 30). Infolgedessen kommt in den Zellen der Pilze Stärke nicht vor. Dieselbe wird in der Regel durch ein verwandtes Kohlenhydrat, das Glykogen[3]), ersetzt, welches auch im Tierreich weit verbreitet ist. In bezug auf die Ernährungsverhältnisse zeigen die Pilze überhaupt vielfach Annäherung oder auch Übereinstimmung mit niederen tierischen Organismen.

Bezüglich des Protoplasmas ist nichts Wesentliches hervorzuheben. Ein Zellkern ist meistens vorhanden, in vielen Fällen aber erst nach schwierigen und langwierigen Behandlungsweisen (Fixieren, Färben) sichtbar. Bei den kleinsten und niedrigsten Pilzen ist es zum Teil noch nicht gelungen, den Kern mit Sicherheit nachzuweisen. Bei großen reich verzweigten Pilzzellen, z. B. dem einzelligen Myzel der Köpfchenschimmel (§ 75), treten zahlreiche Kerne auf.

In der Zellwand der Pilze tritt die Zellulose sehr zurück. Verwandte Stoffe (Pilzzellulose) bilden den Hauptbestandteil der Zellwand. Die Pilzzellulose gibt erst nach längerer Behandlung

---

[1]) Wissenschaftlich *mycelium*, von *mykos* (griechisch) Schleim, Pilz.

[2]) *Hyphe* (griechisch) Verbinduug, Faden.

[3]) Von *glykos* (griechisch) süß, *gennao* (griechisch) ich erzeuge, wegen des süßen Geschmackes.

mit Säuren die charakteristischen Reaktionen der Zellulose (§ 14). In anderen Fällen (z. B. Bakterien) sind es Substanzen, die verwandt sind mit dem Chitin, welches bei den Tieren sehr verbreitet ist.

In vielen Fällen verschleimt die Zellwand mehr oder weniger. Die betreffenden Zellen bleiben dann leicht aneinander haften und bilden so zusammenhängende Massen oder Häute. Eine besonders charakteristische Erscheinung ist eine hautartige Bildung auf der Oberfläche von Flüssigkeiten, die Kahmhaut. Diejenigen Pilze, welche diese Erscheinung zeigen, werden daher als Kahmpilze bezeichnet (§ 82).

2. Geschlechtliche und ungeschlechtliche Fortpflanzung der Pilze.

§ 58. Zur Fortpflanzung oder Vermehrung der Pilze dienen in der Regel einzelne Zellen, die bei allen Kryptogamen Sporen genannt werden. Dieselben können auf geschlechtlichem oder ungeschlechtlichem Wege entstehen. Bei der geschlechtlichen Fortpflanzung (§ 38) sind es stets **zwei** meist ganz bestimmte und besonders organisierte Zellen, deren Kern und Plasma miteinander verschmelzen müssen, um eine neue Zelle zu bilden. Die ungeschlechtliche Vermehrung dagegen kann durch **eine** von den übrigen oft kaum verschiedenen Zelle erfolgen. Ungeschlechtlich entstandene Sporen herrschen bei den Pilzen vor; ihre Entstehungsweise ist außerordentlich verschieden. Bei vielen Pilzen kennt man überhaupt nur ungeschlechtliche Fortpflanzung (unvollkommen bekannte Pilze § 78). Im nachfolgenden sollen die häufigsten Vermehrungsweisen kurz beschrieben werden.

Als Zweiteilung bezeichnet man diejenige Vermehrungsweise, bei der in der Mitte der Zelle eine neue Wand auftritt. Der Vorgang wird durch Teilung des Zellkerns eingeleitet, welcher sich nach vielfachen Umlagerungen und Veränderungen seiner Grundsubstanzen in zwei Hälften (Tochterkerne) teilt. Diese rücken auseinander und zwischen ihnen, also in der Mitte der Mutterzelle, bildet sich die neue Wand, die anfangs sehr zart ist, aber bald doppelschichtig wird. Die beiden nun selbständigen Tochterzellen bleiben entweder in festem Verbande miteinander, oder sie trennen sich alsbald, wie bei den meisten Bakterien, und bilden einzellige Organismen; man spricht daher auch von der Spaltung der Zellen. Die Bakterien, welche sich auf diese Weise vermehren, heißen deshalb auch Spaltpilze.

Die Zellvermehrung durch Sprossung sowie die Entstehung der Sproßverbände wurde in § 18 an der Hefe beschrieben.

Bei der freien oder endogenen[1]) Zellbildung im Innern der Mutterzelle teilt sich der Zellkern wiederholt, bis die charakteristische Anzahl von Tochterkernen erreicht ist, also 2, 4, 8, 16,

---

[1]) Von *endon* (griechisch) drinnen, *gennao* (griechisch) ich erzeuge.

32 usw. Plasmamassen sammeln sich dann um die so entstandenen Kerne und bilden je eine neue Zelle, die sich alsbald mit einer Wand umgibt. Die Membran der Mutterzelle nimmt an der Neubildung keinen Anteil. Sie umschließt und schützt die Tochterzellen zunächst noch; letztere werden erst durch Auflösung oder Zerreißung derselben frei. Die bei den Hefen und Bakterien auf diese Weise entstandenen Sporen werden daher Endosporen genannt.

Sporen, welche durch Sprossung oder Abschnürung am Ende eines Myzelfadens sich entwickeln oder durch Zerfall eines solchen entstehen, werden als Konidien[1]) bezeichnet. Bisweilen übernehmen bestimmt gestaltete oft reich verzweigte Myzelfäden die Ausbildung der dann um so zahlreicher entstehenden Konidien und heißen Konidienträger. In manchen Fällen sprossen die Konidien auch seitlich an beliebigen Stellen einer Zelle hervor.

Gemmen oder Chlamydosporen[2]) entstehen dadurch, daß eine Hyphe sich durch Querwände in viele kurze Zellen teilt. Einzelne derselben schwellen stark an, in ihrem Innern sammeln sich Reservenährstoffe (Fetttröpfchen, Glykogen usw.) an, und die Zellwand verdickt sich bedeutend.

Von den zahlreichen Fällen der geschlechtlichen Vermehrung sei hier nur die Bildung der Brückensporen oder Zygosporen[3]) der Köpfchenschimmel (§ 75) erwähnt. Wenn Hyphen zweier verschiedener Myzele in unmittelbare Nähe kommen, so wachsen zwei Äste derselben aufeinander zu, bis sie sich mit den Spitzen berühren. Diese schwellen dann stark an und verwachsen dabei vollkommen miteinander. Das äußerste Ende jedes Astes wird durch eine Querwand abgegrenzt. Nachdem die trennende Wand aufgelöst worden ist, vereinigen sich die Kerne und das Plasma der beiden Zellen; nun ist eine einzige Zelle vorhanden, welche Reservenährstoff aufspeichert und allmählich eine sehr starke Wand ausbildet.

§ 59. Die meisten Sporen sind dünnwandig und führen wasserreiches Plasma mit wenig Nährstoffen. Dieselben müssen in kurzer Zeit zur Entwicklung gelangen, andernfalls sterben sie ab. Bei Temperaturen von 60 bis 70° C gehen sie meist zugrunde.

Als Dauersporen bezeichnet man diejenigen Fortpflanzungszellen, welche wegen ihrer dicken und oft eigenartig beschaffenen Wand und wegen ihres wasserarmen aber an Reservenährstoffen reichen Zellinhalts imstande sind, ungünstigen Lebensbedingungen (Nahrungsmangel, große Kälte oder Hitze, Trockenheit oder übermäßige Feuchtigkeit) lange Zeit zu widerstehen, ohne ihre Lebenskraft zu verlieren. Beispiele hierfür sind die Endosporen der Bakterien und Hefen sowie die Gemmen und Brückensporen.

---

[1]) Von *konos* (griechisch) Kegel, wegen der oft kegelförmigen Gestalt.
[2]) *Gemma* (lateinisch) die Knospe; *chlamys* (griechisch) Hülle, weil diese Sporen meist eine dicke widerstandsfähige Wand haben.
[3]) *Zygon* (griechisch) Steg, Brücke.

Sporen und lebende Zellen von den verschiedensten Mikroorganismen sowohl des Tier- wie des Pflanzenreichs, sogenannte
Keime, finden sich überall in der Luft, im Wasser, in der Erde
usw. und werden besonders durch die Bewegung der Luft verbreitet.
Daher spricht man von dem Keimgehalt des Wassers, der Luft
usw. Wo derartige lebende Zellen die für ihre Entwicklung günstigen
Bedingungen finden, d. h. Nährstoffe bei genügender Feuchtigkeit
und die für sie notwendigen Wärmemengen, da kommen sie in der
Regel rasch zur Entwicklung.

B) Kultur der Pilze.

1. Misch- und Reinkulturen der Pilze.

§ 60. Die Vegetation einer natürlichen Wiese oder eines Waldes
setzt sich aus zahlreichen Pflanzenarten zusammen, die sehr verschieden sind, je nach der Bodenbeschaffenheit, den Feuchtigkeits-
verhältnissen, dem Zutritt von Sonnenlicht usw. Wenn der Land-
wirt seinen Acker bestellt, so wird er eine bestimmte Pflanzenart
aussäen und ihre Entwicklung durch richtige Kulturmethoden zu
begünstigen suchen. Unkräuter und unbrauchbare Arten wird er
bekämpfen und so einen möglichst hohen Grad der Reinheit seiner
Kulturen anstreben. Ebenso sind die künstlich aufgeforsteten
Fichten- und Kiefernwälder Reinkulturen in großem Maßstabe.
Ähnlich verhält es sich mit den Kulturen der Pilze.

Wenn wir ein Stück Brot oder Scheiben von gekochten Kartoffeln, Mohrrüben usw. auslegen oder eine Schale mit flüssigen
oder festen Nährstoffen aufstellen, so werden alle diejenigen Keime
dort zur Entwicklung kommen, die durch den Luftzug oder andere
Zufälle dorthin gelangten und sich je nach der Beschaffenheit des
Nährbodens entwickeln konnten. Wir werden also Mischkulturen
bekommen, deren Zusammensetzung je nach den Verhältnissen
sehr verschieden ist. Es wird bei diesen Kulturen bald ein heftiger
Kampf der einzelnen Pilze untereinander entstehen; diejenigen
Arten, welche die günstigsten Bedingungen finden, werden sich
am raschesten entwickeln und viele andere unterdrücken, die immer
mehr zurückbleiben und schließlich vielleicht ganz eingehen.

Um alle Eigenschaften eines Pilzes genau und sicher untersuchen zu können, muß man denselben für sich allein haben, und dieses
kann man nur durch sogenannte Reinkulturen erreichen. Diese
herzustellen gibt es hauptsächlich zwei Methoden: die physiolo-
gische und die mechanische. Bei der physiologischen Methode
werden die Lebensbedingungen möglichst eingehend der rein zu
züchtenden Art angepaßt und dadurch nach und nach alle übrigen
Arten zurückgedrängt. Dies wird erreicht durch zweckentsprechende
Zusammensetzung, Reaktion und Konsistenz des Nährbodens,
durch Schaffung der günstigsten Temperatur, durch richtige Luftzufuhr usw. Wenn nahe verwandte Arten oder verschiedene unter

ähnlichen Bedingungen lebende Arten in Betracht kommen, ist die Heranzucht von einer derselben nach der physiologischen Methode sehr schwierig oder gar nicht möglich. Die Praxis arbeitet in vielen Fällen mit solchen physiologischen Methoden, z. B. im Gärbottich. Streng genommen handelt es sich hier also nicht um eine Reinkultur, sondern um die auf Begünstigung beruhende Vermehrung und Anhäufung eines bestimmten Pilzes.

Die mechanische Methode bezweckt, die betreffenden Kulturen von einer einzigen Zelle ausgehen zu lassen und diese absolut rein weiterzuzüchten, so daß weder durch die Nährstoffe noch aus der Luft Keime in dieselbe gelangen können. Diese Methode führt sicher zum Ziel, ist aber auch viel umständlicher und erfordert eine Reihe von Einrichtungen und Vorkehrungen, welche wir in dem Abschnitt Reinkultur (§ 115) ausführlich kennen lernen werden.

2. Ernährung der Pilze.

§ 61. Unter Nährboden (Substrat) versteht man feste oder flüssige Substanzen, aus welchen die Organismen die Stoffe entnehmen, die sie zu ihrem eigenen Aufbau brauchen.

Die Anforderungen, welche von den verschiedenen Pilzen in bezug auf stickstoffhaltige und stickstofffreie Nährstoffe gestellt werden, sind oft schon bei nahe verwandten Arten außerordentlich verschieden. Auch die Konzentration sowie der Aggregatszustand der Nährstoffe muß je nach den Bedürfnissen des betreffenden Pilzes richtig bemessen werden und ist für seine günstige Entwicklung von großer Bedeutung. In flüssigem Nährboden zeigen viele Mikroorganismen (z. B. Schimmelpilze, Hefen), ganz andere Wachstums- und Gestaltungsverhältnisse als auf festem Nährboden.

Von besonderer Wichtigkeit ist die Reaktion des Nährbodens. Schimmelpilze gedeihen am besten auf einem schwach-sauren Substrate, und der Säuregehalt nimmt durch ihre Lebenstätigkeit nach und nach ab. Bakterien dagegen bevorzugen meist einen neutralen oder schwach-alkalischen Nährboden, und der Säuregehalt desselben nimmt zu. Infolgedessen wechseln in der freien Natur bei der Zersetzung organischer Substanzen Bakterien und Schimmelpilze in bezug auf üppige Entwicklung vielfach miteinander ab; sie sind die wichtigsten Faktoren für die Fäulnis- und Zersetzungsvorgänge.

Als Kohlenstoffquelle dienen für die hier zu behandelnden Pilze hauptsächlich Zuckerarten und mehrwertige Alkohole. Der Stickstoff kann anorganisch gebunden in Ammoniumsalzen, Nitraten usw. oder als Amidoverbindungen geboten werden. ferner kommen Peptone, Albumosen und Albumine in Betracht.

In bezug auf die Mineralstoffe (Aschenbestandteile) sind für die Pilze auch Schwefel, Phosphor, Kalium, Kalzium, Magnesium und Eisen notwendig; die meisten Arten sind jedoch sehr anspruchslos in dieser Hinsicht.

Flüssige Nährböden.

§ 62. Bierwürze, gehopfte (Trubsackwürze) und ungehopfte. — Man bezieht dieselbe am besten aus einer Brauerei, füllt sie in die entsprechenden Gefäße, sterilisiert sie (§ 68) und läßt sie möglichst mehrere Tage stehen. Wenn noch Keime in derselben vorhanden waren, kommen sie nun zur Entwicklung; solche keimhaltigen Nährlösungen sind unbrauchbar. Falls nötig, verdünnt man die Würze vor dem Sterilisieren mit destilliertem und sterilem Wasser.

Hefewasser. — $\frac{1}{2}$ kg stärkefreie Preßhefe wird mit 2 l destilliertem Wasser $\frac{1}{2}$ Stunde lang gekocht, filtriert, nochmals $\frac{1}{2}$ Stunde gekocht, wiederum filtriert und entsprechend verdünnt.

Fleischwasser. — 500 g fettfreies fein zerkleinertes Rindfleisch wird in 1 l Wasser verrührt und bleibt 24 Stunden kühl stehen. Die Flüssigkeit wird dann durch ein Leintuch gedrückt, aufgekocht und geseiht, damit die ausgeschiedenen Eiweißsubstanzen entfernt werden. Zu 1000 g Fleischwasser werden 5 g Chlornatrium und 10 g Pepton hinzugefügt. Durch doppeltkohlensaures Natron wird neutralisiert. Die Flüssigkeit wird dann siedend filtriert in einem Heißwassertrichter.

Bouillon. — 1 g Liebigs Fleischextrakt in 100 g Wasser. Vielfach werden Peptone, Zucker usw. zugesetzt.

Feste Nährböden.

§ 63. Feste Nährböden müssen je nach Bedürfnis der zu kultivierenden Pilze eine größere oder geringere Menge von Wasser enthalten. Es kommen hier hauptsächlich wasserreiche gallertige Substanzen (Hydrogele) in Betracht.

Gelatine. — Dieselbe wird zu 8 bis 10% in einer der obigen Nährflüssigkeiten gelöst durch Einstellen in heißes Wasser. Bei Herstellung von Würzegelatine setzt man vor dem Erhitzen das Weiße von einem Hühnerei, mit etwas Würze angerührt, hinzu und erhitzt im kochenden Wasserbade, bis deutlicher Bruch eingetreten ist. Dann wird durch einen Heißwassertrichter filtriert, in kleinere trocken sterilisierte Gefäße, besonders Freudenreich-Kölbchen, gefüllt und eine Stunde in strömendem Dampf sterilisiert. Die Nährgelatinen haben den Vorzug, daß sie bei höherer Temperatur flüssig sind, beim Abkühlen aber erstarren. Durch Kochen geht das Erstarrungsvermögen der Gelatine zurück.

Gelatine ist ein gebleichter Leim, der aus Knochen gewonnen wird; als Glutin gehört sie zu den eiweißartigen Verbindungen und ist daher auch schon für sich allein ein guter Nährboden für manche Pilze; sie reagiert schwach sauer.

Manche Mikroorganismen besitzen die Eigenschaft, Gelatine zu verflüssigen infolge der Ausscheidung von eiweißlösenden (proteolytischen) Enzymen (§ 64).

Agar-Agar. — Ein aus verschiedenen Algen der ostasiatischen und malayischen Meere gewonnenes Produkt, das als fast farblose häutige Streifen oder als Pulver in den Handel kommt. Agar besteht hauptsächlich aus Polysacchariden. Man verwendet meistens 1 bis 1,5%ige Lösungen, die in siedendem Wasser hergestellt werden, da Agar erst bei ungefähr 100°C sich auflöst. Die Lösung gibt in der Regel eine schwach alkalische Reaktion. Nur wenige Mikroorganismen verflüssigen Agar.

Für Pilzkulturen vielfach verwendete Nährböden sind ferner in Schnitte zerteilte nicht ganz weich gekochte Kartoffeln sowie Scheiben von Weißbrot, welche mit Wasser oder bestimmten Nährlösungen getränkt werden.

3. Enzymwirkungen der Pilze.

§ 64. Bei den Pilzen treten Enzyme (Fermente) vielseitiger und häufiger auf als bei den höheren Pflanzen (vgl. § 45). Dieselben dienen dazu, einerseits um Gärung hervorzurufen (§ 88), anderseits um unlösliche Nährstoffe in gelöste und für die Ernährung oder für die Gärung geeignete Form überzuführen. In vielen Fällen entstehen bei diesen Vorgängen Produkte (z. B. Alkohol, Säuren), welche den betreffenden Arten nützlich sind im Wettbewerb mit anderen Organismen (vgl. § 88).

Auf der Fähigkeit, Eiweißverbindungen zersetzende Enzyme auszuscheiden, beruht die Verflüssigung der Nährgelatine durch bestimmte Mikroorganismen.

Das Resultat der Fermentwirkung der Pilze ist Zersetzung, Gärung oder Fäulnis. Ohne direkte oder indirekte Einwirkung von Pilzen sind diese Vorgänge in der Natur unmöglich.

4. Temperatur.

§ 65. Das Wärmebedürfnis der Lebewesen ist sehr verschieden, bewegt sich aber für die einzelnen Arten meistens zwischen ziemlich feststehenden Grenzen. Als obere Vegetationsgrenze oder Maximum[1]) und als untere Vegetationsgrenze oder Minimum[2]) bezeichnet man die Temperaturen, bei welchen die Lebenstätigkeit der Pflanzen gering ist. Heimat und Lebensgewohnheiten, ererbte Eigenschaften und Anpassung sind in dieser Hinsicht für die einzelnen Organismen von weitgehender Bedeutung. Auch je nach dem allgemeinen Zustand der betreffenden Pflanzen oder ihrer Teile wirken die Temperaturen verschieden auf sie ein. Wasserreiche Zellen oder Pflanzenteile sind empfindlicher gegen extreme Temperaturen als wasserarmes Plasma, besonders wenn letzteres durch zweckentsprechende Einrichtungen (dicke Zellwände, schützende äußere Gewebepartien usw.) gegen die schädlichen äußeren Einflüsse geschützt ist. Beispiele hiefür sind die Dauersporen der Pilze,

---

[1]) *Maximum* (lateinisch) das größte.
[2]) *Minimum* (lateinisch) das kleinste.

Samen und Früchte der höheren Pflanzen, in der Winterruhe befindliche Sprosse unserer Holzgewächse, ferner Wurzelstöcke, Knollen, Zwiebeln usw.

Die Tötungstemperaturen für die Lebewesen weichen dementsprechend auch sehr voneinander ab. Wasserreiche Zellen werden in der Regel durch eine Temperatur von 60 bis 70° C getötet, da das aus Eiweißverbindungen aufgebaute Plasma hiebei so wichtige Veränderungen erleidet, daß sein innerer Aufbau zerstört wird. Besonders widerstandsfähige Zellen aber können nicht nur 100° C einige Zeit aushalten, sondern werden erst durch längeres Einwirken von 120 bis 150° C getötet (§ 68).

Ebenso verhält sich es mit der Einwirkung niederer Temperaturen. Die meisten Pflanzen heißer Gegenden ertragen nicht den Gefrierpunkt und müssen daher vor Beginn unseres Winters in entsprechend geheizten Gewächshäusern untergebracht werden. Manche Algen dagegen gedeihen noch auf dem schmelzenden Schnee, und mehrere Arten von Bakterien haben 6 Monate lang einer künstlich erzeugten Kälte von 200 bis 250° C widerstanden.

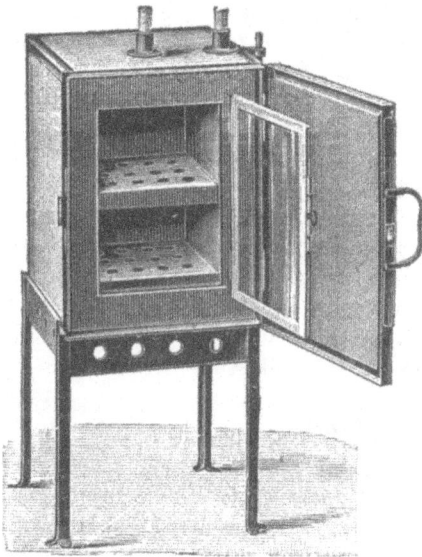

Fig. 15. Thermostat.

Es hat sich gezeigt, daß es für alle Lebewesen eine Temperatur gibt, welche bei gleichzeitiger vorteilhafter Gestaltung aller übrigen Lebensbedingungen (Ernährungsverhältnisse, Luft, Licht usw.) die üppigste und rascheste Entwicklung bedingt. Diese wird als das Optimum[1]) bezeichnet. Dasselbe liegt z. B. für die Brauereihefe bei 25 bis 28° C, für die meisten Bakterien bei 33 bis 35° C.

Bei manchen Pilzen (z. B. Bakterien) führen höhere Temperaturen als 40° C außergewöhnliche Gestaltungsverhältnisse der Zellen, Involutionsformen, herbei. Die Zellen werden viel größer und länger und ändern ihre Gestalt bedeutend gegenüber den bei normaler Temperatur gewachsenen Zellen (§ 108).

Da das Optimum der meisten Pilze höher liegt als die üblichen Zimmertemperaturen von 16 bis 20° C, so hat man für deren Kultur

---

[1]) *Optimum* (lateinisch) das beste.

besondere Vorrichtungen geschaffen, um die erforderliche höhere Temperatur auch unabhängig von Wetter und Jahreszeit herzustellen und stets gleichmäßig zu erhalten. Dies geschieht in dem **Wärme-schrank** (Brutschrank) oder **Thermostaten**[1]), einem aus **Eisen-** oder Kupferblech bestehenden doppelwandigen Schrank. Der Raum zwischen den beiden Wänden ist mit Wasser gefüllt und die Außen-seite mit Linoleum bekleidet. Im Innenraum, in den ein von außen ablesbares Thermometer durch ein Rohr eingeführt ist, befinden sich mehrere Abteilungen, deren Boden durchlocht ist. Der Schrank wird meistens vermittelst zweier Türen geschlossen, die innere aus Glas, die äußere eine Doppelwand aus Blech (Fig. 15). Als Wärme-quelle dient entweder eine Gasflamme oder eine Petroleumlampe. Den Namen **Brutschrank** führt der Thermosfat, weil derartige Apparate auch zum künstlichen Ausbrüten von Hühnereiern usw. verwendet werden.

Zur Herstellung der gleichmäßigen Temperatur dient eine besondere Vorrichtung, der **Wärmeregler** oder **Thermoregulator**, deren es eine große Anzahl gibt. Derselbe wird in das Wasser zwischen der Doppelwand eingelassen und vermittelst eines Korkes in einer Röhre befestigt. Ein solcher Apparat reguliert sich selbst, wenn er einmal richtig eingestellt ist.

Einfach und praktisch ist **Soxhlets Thermoregulator** (Fig. 16). Der untere Teil desselben wird mit Alkohol und das U-förmige Stück mit Quecksilber gefüllt. Der Raum über dem Quecksilber muß völlig trocken sein. Der obere Teil hat ein seitliches Rohr, von welchem ein Gummi-schlauch zu dem unter dem Thermostaten befindlichen Gasbrenner führt.

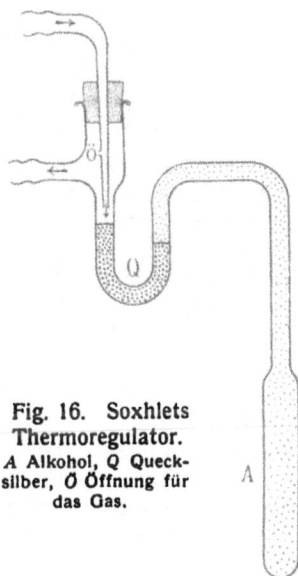

Fig. 16. Soxhlets Thermoregulator.
A Alkohol, Q Queck-silber, Ö Öffnung für das Gas.

Oben ist der Apparat mit einem Kork verschlossen, durch welchen ein an beiden Enden offenes oben rechtwinklig gebogenes Glasrohr geht. In einiger Entfernung (2 bis 3 cm) von dem unteren Ende dieses Rohres findet sich eine sehr kleine Öffnung; das obere Ende wird mit der Gasleitung ver-bunden. Der Regulator wird dann z. B. bei 25° C so eingestellt, daß das Glasrohr gerade die obere Schicht des Quecksilbers berührt.

Steigt die Temperatur im Thermostaten, so dehnt sich der Alkohol aus und übt einen Druck auf das Quecksilber aus; dieses steigt und verschließt so die Glasröhre. Jetzt tritt Gas nur aus der kleinen seitlichen Öffnung aus, die Flamme muß kleiner werden. Kühlt sich der Thermostat infolgedessen ab, so wird das Volumen des Alkohols kleiner, das Quecksilber fällt, und es kann nun wieder Gas aus der frei gewordenen unteren Öffnung des Gasrohres ausströmen.

---

[1]) *Thermos* (griechisch) Wärme, *stasis* (griechisch) Verweilen, Stehen.

5. Licht und Luft.

§ 66. Da Pilze kein Blattgrün haben, fällt für sie die Bedeutung des Sonnenlichtes als Energiequelle für die Kohlenstoffumwandlung fort (§ 26). Viele Pilze verhalten sich daher gleichgültig zum Lichte, sofern dasselbe nicht sehr stark oder direkt ist; auf viele andere, besonders Bakterien, wirkt Sonnenlicht entwicklungshemmend, oft sogar direkt tödlich.

Die meisten Pilze gedeihen daher besser oder doch ebenso gut bei Ausschluß von Licht. Im allgemeinen werden deshalb Pilzkulturen dunkel gehalten.

§ 67. Bei der Mehrzahl der Pilze wird die für die Lebensvorgänge notwendige Energie ebenso wie bei den übrigen Pflanzen durch Sauerstoffatmung (§ 35) gewonnen; in manchen Fällen jedoch wird diese Verbrennung durch einen anderen chemischen Prozeß, die Gärung, ersetzt. Manche Arten sind imstande, sich den Verhältnissen derart anzupassen, daß sie je nach den Lebensbedingungen bald die eine, bald die andere Energiequelle benutzen, also bei Abwesenheit von Sauerstoff zur Gärung schreiten oder umgekehrt.

Pilze, welche unbedingt des Sauerstoffs der Luft zu ihrer normalen Entwicklung bedürfen, nennt man aerobe; diejenigen, welche ohne direkten Luftzutritt gedeihen, anaerobe[1]). Einige Bakterien leben sogar ganz ohne Sauerstoff, welcher deshalb bei der Kultur derselben fern gehalten werden muß.

6. Sterilisation und Desinfektion (Keimfreimachung).

§ 68. Da man im allgemeinen immer nur einen bestimmten Pilz züchten will, so muß man alles tun, um diese Art allein zur Entwicklung zu bringen und unbedingt verhindern, daß Keime von anderen Mikroorganismen in die Kulturen gelangen; fremde Keime müssen also getötet werden.

Dies geschieht am besten durch hohe Temperatur (Sterilisation). Die vegetativen Zellen der meisten Pilze sterben schon bei 60 bis 70° C ab; durch Kochen werden dann fast alle übrigen Keime getötet bis auf die Sporen mancher Bakterien. Damit auch die widerstandsfähigsten Keime zugrunde gehen, müssen Temperaturen von 120 bis 150° C oder besondere Methoden angewandt werden.

Auf dem tödlichen Einfluß der Temperatur von etwa 60° C auf vegetative Pilzzellen beruht· das „Pasteurisieren" des Bieres und anderer Flüssigkeiten. Dieses Verfahren erhielt seinen Namen nach dem Erfinder *Louis Pasteur* (geboren 1822, gestorben in Paris 1895), welcher viele grundlegende Arbeiten über technisch und medizinisch wichtige Mikroorganismen ausführte.

---

[1]) *Aer* (lateinisch) die Luft; *a* oder *an* (griechisch) als Vorsilbe drückt die Verneinung aus.

Feste Gegenstände wie Objektträger, Deckgläser, Nadeln, Platinösen kann man „flambieren", d. h. durch eine Flamme ziehen; erst abgekühlt sind sie zu benutzen.

Glasgefäße und andere trockene Gegenstände werden keimfrei gemacht durch zweistündiges Erhitzen im Heißluftsterilisator auf 150⁰ C. Es ist dieses ein doppelwandiger Kasten (Fig. 17) aus starkem

Fig. 17. Heißluftsterilisator.

Stahl- oder Kupferblech und außen mit Asbest bekleidet. Es können Temperaturen bis zu 300⁰ C darin erzeugt werden.

Flüssigkeiten werden sterilisiert entweder durch einstündiges Kochen oder durch zweistündiges Erhitzen in strömendem Wasserdampf, zu dessen Erzeugung man am bequemsten den Kochscher Dampftopf verwendet (Fig. 18). Derselbe ist der am meisten benutzte Sterilisierapparat und besteht in seiner einfachsten Form aus einem mit Filz und Asbest umkleideten fest schließenden Zylinder, dessen unterster Teil Wasser enthält, das zum Sieden gebracht wird. Die zu sterilisierenden Gegenstände befinden sich in den im oberen Teile angebrachten Fächern oder Behältern. Im Kochschen Dampftopf können aber keine Temperaturen über 100⁰ C erreicht werden. Dies ist nur vermittelst besonderer Apparate, Autoklave, möglich, welche es infolge ihres festeren Baues gestatten, mit Druck zu arbeiten.

Wo einmalige Sterilisation nicht ausreicht, muß man dieselbe wiederholen und zwar spätestens nach 24 Stunden. Die nach der ersten Sterilisation am Leben gebliebenen Sporen keimen mittlerweile aus, was man auch noch dadurch zu begünstigen sucht, daß die betreffenden Kulturen in der Zwischenzeit im Thermostaten bei dem Optimum gehalten werden; neue Sporen dürfen inzwischen nicht gebildet und alle vegetativen Zellen müssen abgetötet worden sein. Wenn nötig, wird die Sterilisation auch mehrere Male wiederholt. Man bezeichnet diese Art und Weise als diskontinuierliche oder fraktionierte Sterilisation.

So muß z. B. Milch behandelt werden, welche lange Zeit haltbar und daher vollkommen steril sein soll. Dieselbe kann, ohne wesentliche Veränderungen zu erleiden, nicht Temperaturen über 100° C vertragen, ist aber sehr reich an Bakterien, die gerade hier einen guten Nährboden finden und auch leicht Dauersporen bilden.

Manche Flüssigkeiten können auch durch Filtrieren keimfrei gemacht werden, und zwar benutzt man besonders Ton- oder Kieselgurfilter. Gute Apparate sind z. B. Berkefeld- und Chamberland-Filter. Viele Städte, vor allem die des Flachlandes, welche nicht über Quellwasser verfügen und deshalb ihr Trinkwasser Flüssen oder Seen entnehmen müssen, wenden Filter aus Kies, Sand, Holzkohlen usw. an.

Fig. 18. Kochscher Dampftopf.

§ 69. Als Desinfektion bezeichnet man die Vernichtung von Keimen durch chemische Gifte. Die wichtigsten sind folgende: Quecksilbersublimat, 1 g in 1000 g Wasser, findet vielseitige Verwendung, so auch in der Medizin zur Reinigung von Instrumenten, bei der Behandlung von Wunden usw. Da es sich hier um ein starkes Gift handelt, muß man vorsichtig damit umgehen. Ähnlich verhält es sich mit Formalin, der 40%igen wässerigen Lösung von Formaldehyd. Tödliche Wirkung auf Keime haben auch die Mineralsäuren, viele organische Säuren wie Salizylsäure, Karbolsäure, ferner saures Fluorammonium, Chlorkalk, Wasserstoffsuperoxyd, übermangansaures Kali, freies Ammoniak usw.

Ein ausgezeichnetes Mittel zum Töten von Keimen ist etwa 70%iger Alkohol, der besonders beim Arbeiten im Laboratorium gute Dienste tut; alle Gebrauchsgegenstände werden im letzten Augenblick vermittelst eines Schwammes damit abgewaschen und dann flambiert.

Für die Praxis ist von großer Bedeutung die schwefelige Säure, welche durch Verbrennen von Schwefel entsteht und den

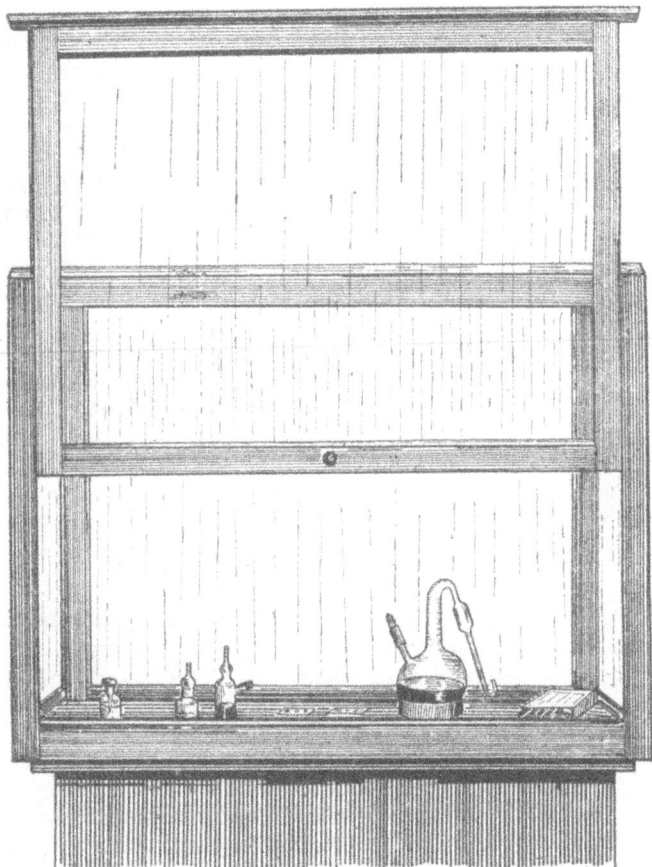

Fig. 19. Arbeitskasten.

Vorzug hat, überall einzudringen und keine Spuren zu hinterlassen. Frisch gelöschter Kalk, in Wasser gelöst (Kalkmilch), tut ausgezeichnete Dienste zur Bekämpfung von Pilzkeimen an Wänden, Decken usw.

Im Handel finden sich zahllose Desinfektionsmittel unter den verschiedensten Namen. Viele derselben sind sehr gute und günstig wirkende Zusammenstellungen, deren Preise aber oft unverhältnismäßig hoch sind; in den meisten Fällen tun die allgemein bekannten Mittel dieselben Dienste.

Bemerkenswert ist, daß manche Gifte in sehr starken Verdünnungen günstig auf die Entwicklung der Organismen einwirken, z. B. Sublimatlösung im Verhältnis 1:500000.

§ 70. Keimfreie Gegenstände oder Nährböden müssen während der Aufbewahrung und besonders während des Arbeitens nach Möglichkeit vor Verunreinigung geschützt werden. Um Infektion von der Luft her zu verhindern, führt man die Arbeiten zur Herstellung von Reinkulturen, ferner das Überimpfen usw. nicht auf dem üblichen Arbeitstisch aus sondern in einem Glaskasten (Fig. 19), der nur vorn zu öffnen ist. Das Innere desselben ist öfter mit einer Sublimatlösung von 1:1000 oder mit 70%igem Alkohol mit Hilfe eines Schwammes keimfrei zu machen. Der Kasten wird nach der Arbeit stets wieder durch Herablassen der vorderen Wand verschlossen.

Die früher vielfach geäußerte Meinung, daß Organismen aus anorganischen Verbindungen entstehen könnten, die sogenannte Urzeugung, ist falsch.

Das Auftreten von Mikroorganismen in scheinbar reinen Flüssigkeiten, welche einige Zeit offen standen, beruht eben darauf, daß Keime (§ 59) sich im Wasser und in der Luft finden und unter günstigen Bedingungen sich entwickeln. Sind die betreffenden Flüssigkeiten, Gefäße usw. absolut keimfrei, so bleiben sie es auch, falls Vorrichtungen bestehen, daß keine neuen Keime von außen her in dieselben gelangen können.

7. Gefäße für Pilzkulturen.

§ 71. Für die Kultur der Pilze sind mancherlei Gefäße erforderlich, welche zunächst kurz beschrieben werden.

Zum Aufstellen von Brotscheiben usw. bedient man sich entsprechend großer Glasschalen, welche nach der Infektion mit einer Glasglocke oder einer größeren Schale bedeckt werden.

Die meisten Nährstoffe kann man in Reagenzgläser- oder Erlenmeyer-Kolben füllen und diese mit einem sterilen Wattebausch verschließen. Auch gewöhnliche, am besten vierkantige Flaschen werden vielfach für Pilzkulturen verwendet.

Für Gelatinekulturen benutzt (§ 63) man hauptsächlich Petri-Schalen, zwei etwa 1,5 cm hohe Glasschalen, von denen die untere ungefähr 9, die Deckelschale 10 cm Durchmesser hat (Fig. 24). Dieselben werden in Fließpapier gewickelt, sterilisiert und in dem Papier aufbewahrt. Erst unmittelbar vor ihrer Benützung werden sie im Arbeitskasten ausgewickelt.

Vielseitige Verwendung finden Freudenreich-Kölbchen (Fig. 20), zylindrische etwa 20 cm³ große Glasgefäße mit aufgeschliffener Kappe, welche nach oben in ein dünnes gerades Glasrohr ausläuft. Dieses wird mit Watte angefüllt, um der Luft Zutritt zu gewähren, das Eindringen von Keimen aber unmöglich zu machen. Durch die Kappe bleibt der Rand des Kölbchens steril, welchen Vorteil Reagenzgläser nicht haben. Man kann daher, ohne daß Verunreinigungen durch zufällig auf dem Rande liegende fremde Keime eintreten, Flüssigkeiten von einem Kölbchen in ein anderes gießen.

Große Vorteile bietet der für Hefekulturen viel benützte Pasteur-Kolben (Fig. 21, 28, 29). Es ist dies ein Rundkolben mit seitlich angeschmolzenem Rohr, dem Impfrohr oder Impftubus, welcher zum Aus- und Einfüllen dient, mit gerade aufsteigendem oben verengtem Halse und S-förmig nach unten gebogener Röhre. Luft kann durch dieselbe ungehindert eintreten, während Keime entweder gar nicht hinein gelangen oder, wenn dieses der Fall ist, an der unteren

Fig. 20. Freudenreich-Kölbchen.   Fig. 21. Pasteur-Kolben.

Biegung oder doch sicher in der zwischen den beiden Biegungen befindlichen Erweiterung liegen bleiben. Vor und nach den Arbeiten mit Kulturen im Pasteur-Kolben muß das gebogene Rohr, besonders der Eingang zu demselben, mit der Gasflamme stark erhitzt werden (vgl. § 123). Der Impftubus wird durch ein Stück Gummischlauch mit einem Glas- oder Aluminiumstopfen verschlossen. Man verwendet Pasteur-Kolben von $1/_8$ bis 1 l Inhalt.

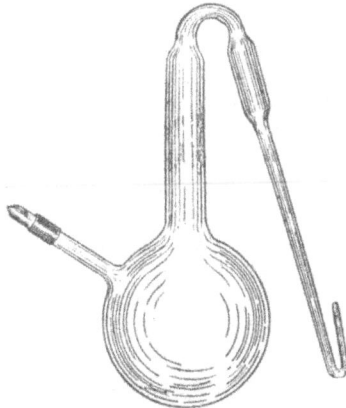

Da die Pasteur-Kolben nicht stehen können, benutzt man Pappringe, ausgehöhlte Korken von entsprechender Wölbung oder Ringe von Suberit usw. als Untersätze.

8. Kulturmethoden.

§ 72. Bei Herstellung von Pilzkulturen ist es von größter Bedeutung, daß nicht zu viele Keime ausgesät werden. Man muß also das zu verwendende Material unter dem Mikroskop prüfen und feststellen, wieviele Keime sich ungefähr in einem Tropfen finden. Falls zu viele vorhanden sind, müssen dieselben in steriler Flüssigkeit (Nährstoffe, Wasser usw.) so weit verteilt, bzw. die keimhaltige

Flüssigkeit so lange verdünnt werden, bis das richtige Verhältnis erreicht ist, was wiederum unter dem Mikroskop festgestellt werden muß. Die ausgesäten Keime sollen sich stets in einiger Entfernung voneinander befinden, damit die sich entwickelnden Pilze, welche in vielen Fällen mehrere mm Durchmesser erreichende Kolonien bilden,·nicht sogleich miteinander in Berührung kommen.

Die Verdünnung kann auf sehr verschiedene Weise erfolgen. Zu der z. B. in einem Freudenreich-Kölbchen befindlichen Flüssigkeit mit den auszusäenden Pilzen wird so viel sterile Nährflüssigkeit oder steriles Wasser zugesetzt als nötig ist. Oder man kann auch mit einer Nadel eine Spur von der keimhaltigen Flüssigkeit oder von den

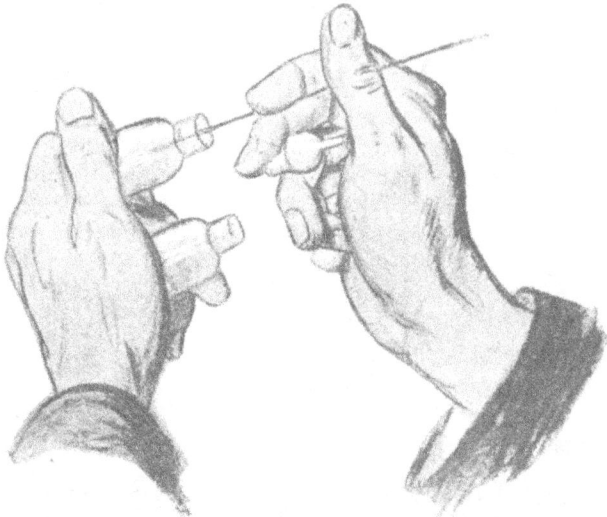

Fig. 22. Überimpfen aus einem Freudenreich-Kölbchen in ein anderes.

auf dem Nährsubstrat befindlichen Sporen in ein anderes Freudenreich-Kölbchen mit frischen sterilen Nährstoffen übertragen.

Dabei nimmt man das Kölbchen, aus dem übertragen werden soll, zusammen mit dem neuen Kölbchen in die linke Hand, ersteres oben, letzteres unten haltend. Die Kappen werden erst im Arbeitskasten abgenommen und im Innern der rechten Hand gehalten, während man mit der Nadel rasch etwas Flüssigkeit aus dem oberen in das untere Kölbchen überträgt (Fig. 22) und sogleich beide wieder schließt.

In anderen Fällen empfiehlt es sich, im Arbeitskasten die auszusäenden Keime in einem Tropfen Flüssigkeit, der sich auf einem Objektträger befindet, zu verteilen, und, falls es nötig ist, eine Spur dieses Tropfens auf einen zweiten zu übertragen und dieses zu wiederholen, bis der richtige Grad der Verdünnung erreicht ist.

Eine der einfachsten Kulturmethoden ist die in Reagenzgläsern, Erlenmeyer-Kolben, Freudenreich-Kölbchen usw., welche ¼ bis ½ mit den betreffenden Nährsubstanzen angefüllt werden. Mit einer Nadel oder Platinöse wird eine geringe Menge des zu kultivierenden Pilzes auf oder in das Nährsubstrat übertragen.

Gelatineplatte.

Von großer Bedeutung für alle Arbeiten mit Pilzen ist die von Koch[1]) 1883 angegebene Gelatineplatte, da dieselbe es ermöglicht, sowohl mit bloßem Auge als auch mit dem Mikroskop, wenigstens mit schwacher Vergrößerung, die Entwicklung der ausgesäten Pilze zu verfolgen.

Zur Herstellung einer Gelatineplatte bringt man im sorgfältig desinfizierten Arbeitskasten eine geringe Menge des zu kultivierenden Pilzes vermittelst einer Nadel oder Platinöse vorsichtig in die sterile verflüssigte Nährgelatine eines Freudenreich-Kölbchens. Falls die zu übertragende Menge zu viel Keime enthält, muß dieselbe vorher verdünnt werden. Dann schüttelt man vorsichtig die geimpfte flüssige Gelatine, damit die Keime sich möglichst gleichmäßig verteilen, und gießt dieselbe rasch in den unteren Teil einer Petri-Schale, die dann sofort mit dem oberen Teile zugedeckt wird. Die Schale wird auf eine ebene Fläche gestellt, damit sich die Gelatine gleichmäßig verteilt, bevor sie erstarrt.

Um das Austrocknen der Gelatine zu verhindern, stellt man die Petri-Schalen in einen besonderen Halter und setzt diesen in ein größeres, durch einen Deckel verschließbares zylindrisches Glasgefäß, das sterilisiert oder desinfiziert worden ist und durch mit sterilem Wasser getränktes Fließpapier feucht gehalten wird.

In vielen Fällen müssen die auf einer Gelatineplatte zur Entwicklung gelangten Kolonien gezählt werden. Wenn zahlreiche Kolonien vorhanden sind, erleichtert man sich die Arbeit dadurch, daß man mit einem Fettstift die Oberfläche der Schale vermittelst sternförmiger Linien in 4, 8 oder mehr Teile zerlegt oder eine derartige Zeichnung auf Papier unter die Schale legt.

Feuchte Kammer.

Für die Kultur von vielen Pilzen ist die feuchte Kammer (Fig. 23) von Wichtigkeit. Diese beruht darauf, dem Pilz die notwendigen Nährstoffe und genügende Feuchtigkeit darzubieten in einem Raum, der nicht von außen her durch Keime verunreinigt werden kann.

Ein großer Vorteil der feuchten Kammer besteht darin, daß man das Deckglas jederzeit abnehmen kann, ohne die Kulturen zu beeinflussen oder gar zu zerstören und so von der heranwachsenden

---

[1]) Robert Koch, Prof. Dr., einer der Begründer der modernen Bakteriologie, besonders verdienstvoller Forscher auf dem Gebiete der krankheitserregenden Arten. Geboren 1843, gestorben in Berlin 1910.

Kultur überimpfen kann, was sich durch die Untersuchung unter dem Mikroskop als brauchbar erwiesen hat. Aeroben, z. B. Schimmelpilze, können nur in dieser Weise sich normal entwickeln.

Die einfachste Form der feuchten Kammer besteht in einem hohlen Objektträger und einem Deckglase. Auf das letztere bringt man im Arbeitskasten einen Tropfen der keimhaltigen Nährflüssigkeit, dreht es um und legt es über die Höhlung des Objektträgers, welche man vorher etwas angehaucht hat, um die nötige Feuchtigkeit zu schaffen. Man bezeichnet diese Methode als „hängenden Tropfen".

Wenn der Tropfen dick ist, so können sich die heranwachsenden Pilze ziemlich weit vom Deckglase entfernen, indem sie abwärts wachsen. Dies erschwert die Beobachtung unter dem Mikroskop, besonders für stärkere Vergrößerungen. Um dies zu verhindern, trägt

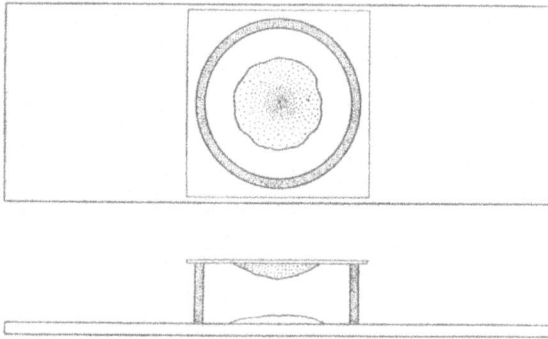

Fig. 23. Feuchte Kammer. Ansicht von oben und Längsschnitt.

man nur eine dünne Schicht der keimhaltigen Flüssigkeit auf das Deckglas auf. Diese Abänderung nennt man Adhäsionskultur.

Einen Ersatz für hohle Objektträger kann man in folgender Weise herstellen: Durch einen Ring oder viereckigen Wall von Wachs, Paraffin, Vaselin usw. schafft man eine entsprechend hohe Stütze für das in der angegebenen Weise vorbereitete Deckglas.

Zur Herstellung einer anderen, besonders für Schimmelpilzkulturen viel verwendeten feuchten Kammer gehören ein Objektträger, ein Glasring und ein Deckglas, welches größer als der Ring ist. Man benutzt hauptsächlich Glasringe von 18 und von 30 mm Durchmesser. Der Glasring wird entweder auf dem Objektträger festgekittet oder nur mit Vaselin befestigt. Auf den Boden der so abgegrenzten Kammer wird ein Tropfen steriles Wasser gebracht und auf das Deckglas ein nicht zu großer Tropfen der Nährsubstanz, z. B. Würzegelatine, welche die richtige Menge von Keimen des zu kultivierenden Pilzes enthält. Dann dreht man das Deckglas um, so daß der Tropfen sich auf der Unterseite desselben befindet, und legt es auf den Glasring, dessen oberer Rand wiederum mit Vaselin bestrichen ist zum Zwecke des Abschlusses nach außen (Fig. 23).

Die Beobachtung der sich in dem „hängenden Tropfen" entwickelnden Pilze geschieht solange als möglich mit schwacher Vergrößerung. ·Stärkere Vergrößerungen müssen vorsichtig gehandhabt werden wegen der Gefahr des Zerdrückens für das Deckglas beim Einstellen. Will man das Wachstum des Pilzes beschleunigen, so bringt man ihn in einen·auf sein Optimum eingestellten Thermostaten.

Eine wichtige Anwendung der feuchten Kammer werden wir bei der Herstellung der Hansenschen Reinkultur von Hefe kennen lernen (§ 120).

Tropfen- und Tröpfchenkulturen.

Eine Methode, welche es ermöglicht, gleichzeitig zahlreiche Pilzkeime zur Entwicklung kommen zu lassen, ist die Tropfenkultur (Fig. 24). Man zieht in eine sterile Pipette einige cm³ der die

Fig. 24. Tropfenkultur in einer Petri-Schale.

Keime enthaltenden Flüssigkeit und verteilt dieselbe tropfenweise auf die beiden inneren Flächen einer Petri-Schale, welche man zudeckt und, wenn nötig, mit einem Gummiring abdichtet. Alsbald entwickeln sich die Keime, was sich auch unter dem Mikroskop verfolgen läßt; die dicken Wände der Petri-Schalen gestatten aber nur schwache Vergrößerung.

Der letztere Nachteil wird aufgehoben durch die von Lindner[1]) eingeführte Tröpfchenkultur (Fig. 25). Die keimhaltige Flüssig-

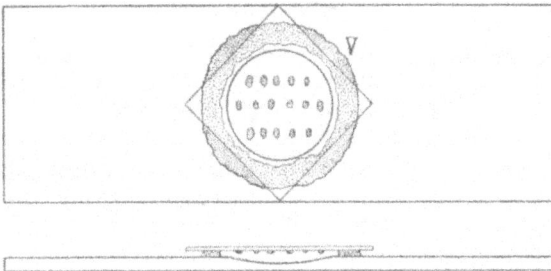

Fig. 25. Tröpfchenkultur.
Ansicht von oben und Längsschnitt. V Vaselinring.

keit wird im Arbeitskasten möglichst gleichmäßig in einem Uhrglase verteilt und, wenn nötig, entsprechend verdünnt. Dann taucht man eine keimfreie Zeichenfeder in die so vorbereitete Flüssigkeit

---

[1]) Paul Lindner, Prof. Dr., Vorsteher der Abteilung für Reinkultur am Institut für Gärungsgewerbe in Berlin.

und bringt damit reihenweise angeordnete Tröpfchen auf das Deckglas, kehrt es um und legt es auf einen hohlen Objektträger, dessen Höhlung mit einem Ring von Vaselin umgeben wurde. Der Durchmesser des Deckglases muß ebenso groß sein wie die Breite des Objektträgers (also 26 bzw. 28 mm), damit man das Deckglas leicht aufheben kann. Die verwendete Flüssigkeit soll so beschaffen bzw. soweit verdünnt sein, daß in jedem aufgetragenen Tröpfchen sich nur ein oder wenige Keime finden. Anstatt der Tröpfchen kann man auch kurze Striche oder Linien auf dem Deckglase machen.

Wenn man unter dem Mikroskop festgestellt hat, daß ein bestimmtes Tröpfchen nur einen Keim enthält, kann man dieses durch einen Ring von Tusche oder Tinte auf der Oberseite des Deckglases bezeichnen und dann sicher und leicht die Entwicklung dieses Pilzes verfolgen sowie auch denselben als Ausgangspunkt für eine Reinkultur nehmen (vgl. § 121).

Einige besondere Kulturmethoden (z. B. Gipsblockkulturen der Hefe, Kultur der Hefe auf festen Nährböden, Versand und Aufbewahrung von Reinhefe, Vaselineinschlußpräparat) sind an den betreffenden Stellen näher beschrieben.

C) Die wichtigsten in Brauereien vorkommenden Pilze.

§ 73. Die Pilzkunde ist ein außerordentlich großes Gebiet, welches vielfach als Spezialstudium betrieben wird. In den meisten Fällen beschäftigt sich ein Forscher sogar nur mit bestimmten Familien oder Gruppen, diese aber dann um so gründlicher bearbeitend, so Louis Pasteur in Paris (gestorben 1895) und später Emil Chr. Hansen (gestorben 1909) im Karlsberg-Laboratorium in Kopenhagen die Mikroorganismen, welche zum Brauereigewerbe Beziehung haben.

Die hier interessierenden Pilze gehören drei Gruppen an:

1. **Schimmelpilze.** Mit meist stark entwickeltem Myzel und sehr verschiedener Fortpflanzung, besonders durch Konidien. Hauptsächlich aerob lebend.

2. **Sproßpilze** oder **Saccharomyzeten.** Vermehrung hauptsächlich durch Sprossung. In der Regel einzellige Organismen, seltener myzelartige Bildung. Vielfach treten Endosporen auf, und zwar 1 bis 10 in je einer Zelle.

3. **Bakterien** oder **Schizomyzeten.** Vermehrung hauptsächlich durch Scheidewandbildung. In der Regel 1, seltener 2 Endosporen. Häufig Eigenbewegung durch peitschenförmige Organe (Geißeln).

Durch Reinkulturen sowie durch eingehende morphologische und physiologische Untersuchungen sind viele Fragen über die Lebensverhältnisse und die Zusammengehörigkeit der oft so verschieden gestalteten Entwicklungsstadien und Wuchsformen der Pilze gelöst worden; viele und zum Teil äußerst wichtige Fragen harren aber noch der Lösung.

1. Schimmelpilze.

§ 74. Als Schimmelpilze werden hier zusammengefaßt verschiedene Formen, die im natürlichen System zu mehreren Ordnungen und Familien gehören, aber das gemeinsam haben, daß sie in Gestalt von lockeren, meist weißlichen Fäden das Nährsubstrat bedecken. Sie treten überall rasch auf, wo tote organische Stoffe feucht lagern und zerstören dieselben allmählich teils allein, teils in Gemeinschaft mit anderen Pilzen, besonders Bakterien.

Die Schimmelpilze sind ausgezeichnet durch ein meist stark entwickeltes und reich verzweigtes Myzel, welches schon frühzeitig solche Größe erreicht, daß die Schimmelkolonie mit bloßem Auge wahrnehmbar ist. Anfangs bilden die Schimmelpilze meist weißliche oder graue Massen, Rasen genannt. Später, besonders nach Eintritt der Sporenbildung, werden dieselben oft farbig: blaugrün, schwärzlich, rötlich, gelblich usw.

Im allgemeinen bevorzugen die Schimmelpilze schwachsauren Nährboden, dessen Säuregehalt durch ihre Entwicklung abnimmt. Vielfach scheiden sie Enzyme aus.

Das Myzel ist bei der großen Gruppe der Köpfchenschimmel (§ 75) zwar reich verzweigt aber dennoch bis zum Eintritt der Sporenbildung nur einzellig, bei den anderen Gruppen dagegen, infolge des Auftretens von Querwänden vielzellig.

Die Vermehrung geschieht durch ungeschlechtliche auf verschiedene Weise entstehende Sporen, hauptsächlich in Form von Konidien; ferner treten Gemmenbildungen und durch freie Zellbildung entstehende Sporen auf. Seltener kommt geschlechtliche Fortpflanzung vor (z. B. Zygosporen, § 75).

Die meisten Schimmelpilze leben aerob und daher auf organischen Substanzen. Sie befallen deshalb auch leicht die Rohmaterialien des Brauers, entwickeln sich besonders häufig auf schlecht keimender Gerste und zerbrochenen Körnern, auf feuchten Wänden und Decken, auf der Außenseite von Bottichen und Fässern, in ungenügend gepichten Fässern, auf den Korken, kurz überall, wo sich auch nur Spuren von organischer Substanz vorfinden.

Schimmelwucherungen können den Braumaterialien einen eigenartigen unangenehmen Geruch und Geschmack verleihen, gelegentlich aber auch Entwicklungsherde für solche Pilze abgeben, welche Bierkrankheiten hervorrufen. Durch größte Reinlichkeit muß man ihrem Auftreten vorbeugen; sind sie vorhanden, so müssen sie rechtzeitig und energisch bekämpft werden, wenn nötig auch durch zweckentsprechende Desinfektion (§ 69).

Zur mikroskopischen Untersuchung von Schimmelpilzen bringt man am einfachsten mit Nadeln oder Pinzette eine geringe Menge derselben direkt auf den Objektträger. Ist dieses wegen der Hinfälligkeit des Myzels nicht möglich, so muß man den Pilz kultivieren.

Da die Mehrzahl der Schimmelpilze aerob lebt, werden in erster Linie Kulturen in Petri-Schalen und in feuchten Kammern angefertigt (§ 71, 72). Weil viele Arten sich aber auch in Flüssigkeiten entwickeln können und dann oft sehr abweichende Gestaltungsverhältnisse zeigen, müssen auch Kulturen in Freudenreich-Kölbchen usw. angelegt werden; außerdem wird man auch feststellen, ob der betreffende Pilz Gärung hervorbringt, welche Zuckerarten er vergärt, und wie viel Alkohol er in einem bestimmten Zeitraum bildet. Würze und Würzegelatine sind die geeignetsten Nährböden für solche Kulturen.

Köpfchenschimmel, *Mucor* [1]).

§ 75. Das Myzel ist reich verzweigt, besteht aber nur aus einer Zelle, da Querwände in dem vegetativen Zustand vollkommen fehlen. Diese außergewöhnlich große Zelle enthält jedoch zahlreiche Zellkerne.

An den Enden von senkrecht sich erhebenden Myzelzweigen entsteht durch Abgrenzung vermittels Querwand eine nach und nach kugelig anschwellende Zelle, der Sporenbehälter (Sporangium), welcher meist dunkel gefärbt ist und ein 1 bis 2 mm großes Köpfchen bildet. Diesem Merkmal verdankt der Schimmel seinen Namen.

Durch freie Zellbildung (§ 58) entstehen im Innern des Sporangiums zahlreiche längliche Sporen. Die Querwand wölbt sich in den Sporenbehälter hinein und wird als Kolumella bezeichnet. Die Sporen werden schließlich durch Zerreißen der Sporangiumwand frei, und der Wind verbreitet sie überallhin. Sie sind wenig widerstandsfähig und verlieren bald ihre Keimkraft. Auf Würzegelatine und anderen Nährböden keimen sie rasch, und es entwickeln sich ein oder in der Regel mehrere Keimschläuche, die in wenigen Tagen ein auf dem Nährsubstrat nach allen Richtungen ausgebreitetes Myzel bilden, an welchem in kurzer Zeit die Sporenbehälter entstehen. Bei Kulturen in Petri-Schalen läßt sich die Entwicklung sowohl mikroskopisch wie auch makroskopisch [2]) gut verfolgen.

Wenn manche *Mucor*-Arten in flüssigen Nährböden, z. B. zuckerhaltigen Lösungen, kultiviert werden, die Pilze also eine anaerobe Lebensweise führen müssen, so entstehen zunächst Myzelien von normaler Beschaffenheit, d. h. einzellige. Nach kurzer Zeit treten aber zahlreiche Querwände auf, so daß ein Myzelfaden nun aus vielen kurzen Zellen besteht. Einzelne oder auch zahlreiche dieser Zellen schwellen stark an, runden sich ab, bekommen stark lichtbrechenden Inhalt (Fett, Glykogen usw.) und umgeben sich mit einer meist sehr dicken Wand. Sie haben sich zu Gemmen ausgebildet (§ 58).

In Flüssigkeiten entstehen ferner sowohl an den vielzelligen Myzelfäden als auch an den Sporen neue Zellen durch Sprossung

---

[1]) *Mucor* (lateinisch) Schimmel.
[2]) *Makros* (griechisch) groß, *skopeo* ich sehe; was man mit bloßem Auge sehen kann.

in derselben Weise wie bei der eigentlichen Hefe; die Zellen haben aber hier eine mehr kugelige Gestalt.

Die geschlechtliche (sexuelle) Fortpflanzung geschieht durch Brücken- oder Zygosporen (§ 58), welche in der Regel aber nur bei bestimmten Nährböden gebildet werden, z. B. in Pferdemist.

Der gemeine Köpfchenschimmel, *Mucor mucedo*[1]), ist häufig auf feuchtem Brot, Mist, faulenden Früchten, auf Getreidekörnern, Malz, Hefe usw. Er bildet seidenglänzende Rasen und unverzweigte Sporangienträger mit bei der Reife schwärzlichen Köpfchen. Die Sporen sind oval, hellbraun, 7 bis 12 μ lang und 4 bis 6 μ breit.

Mucor racemosus[2]) unterscheidet sich von der vorigen Art durch verzweigte Sporangienträger. Am Ende derselben befindet sich ein großer und an den kurzen Seitenzweigen kleinere Sporenbehälter. Auch diese Art tritt häufig auf verschiedenen Nahrungsmitteln auf, schneeweiße Rasen bildend.

Der ausläufertreibende Köpfchenschimmel, *Mucor stolonifer = Rhizopus nigricans*[3]) erscheint bisweilen massenhaft auf Grünmalz, dieses in kurzer Zeit mit zarten weißen Fäden spinngewebenartig überziehend. Seine Vermehrung ist so außerordentlich stark, weil er lange ausläuferartige Myzelzweige nach allen Richtungen aussendet, welche sich mit besonderen Ästen (Hafthyphen) auf dem Substrat befestigen. An diesen Stellen entstehen dann rasch die zahlreichen anfangs wasserhellen bei der Reife schwarzen Sporangien.

Die meisten *Mucor*-Arten sind imstande, anhaltende Alkoholgärung hervorzurufen, die jedoch so langsam vor sich geht, daß sie von keiner praktischen Bedeutung ist. *M. mucedo* kann bis 3 Gew.%, *M. racemosus* bis 6 Gew.% Alkohol bilden. Letzterer ist auch noch dadurch bemerkenswert, daß er Saccharose vergärt, weil er das Enzym Invertase bildet, welche die Saccharose in vergärbaren Invertzucker umwandelt.

Die Köpfchenschimmel gehören zusammen mit vielen verwandten Gattungen zu der Klasse der Algenpilze (*Phycomycetes*).

Pinselschimmel, *Penicillium* [4]).

§ 76. Das Myzel dieser wie aller folgenden Schimmelpilze ist vielzellig, da zahlreiche Querwände vorhanden sind. Die Schimmelrasen sind anfangs weißlich, werden aber später infolge der massenhaft auftretenden Konidienträger blaugrün. Diese verzweigen sich an ihrem oberen Ende, und jeder der bald quirlförmig, bald unregelmäßig gestellten Zweige teilt sich wiederum mehrere Male. Der ganze Konidienträger hat daher eine ungefähr pinsel- oder besenartige Gestalt, weshalb diese Pilze den Namen Pinselschimmel führen.

Die Endzelle (Sterigme) der letzten Verzweigung des Konidienträgers schnürt die meistens blaugrünen rundlichen 2,5 bis 5 μ

---

[1]) *Mucedo* (lateinisch) Schleim, Schimmel.

[2]) *Racemosus* (lateinisch) traubenartig, wegen der traubig verzweigten Sporangienträger.

[3]) *Stolo* (lateinisch) Ausläufer; *ferre* (lateinisch) tragen; *rhiza* (griechisch) Wurzel; *pus* (griechisch) Fuß; *nigricans* (lateinisch) schwärzlich.

[4]) Verkleinerung von *peniculus* (lateinisch) Pinsel.

großen Konidien ab, indem sie in einen feinen Fortsatz ausläuft, welcher an seiner Spitze kugelig anschwillt, sich rasch vergrößert und so zur ersten Konidie wird. Unter dieser zeigt sich alsbald eine zweite Anschwellung, die wiederum zur Konidie heranwächst, und so geht es weiter; es kommt dadurch eine kettenförmige Anordnung der Konidien zustande. Die ersten, als die obersten der Kette, sind im Laufe der Zeit reif geworden und fallen ab, während jüngere von unten her immer wieder nachrücken.

Außerdem bilden die Pinselschimmel, wenn auch sehr viel seltener, gelbliche Fruchtkörper von Form und Größe kleiner Stecknadelköpfe. In ihrem Innern kommen nach längerer Ruhezeit langgestreckte Zellen (Schläuche, lateinisch *asci*) zur Ausbildung. Diese enthalten je 8 Sporen, welche durch freie Zellbildung im Innern des Schlauches entstehen. Daher gehört diese Gattung in die große Klasse der Schlauchpilze (*Ascomycetes*).

Die Pinselschimmel sind reich an Enzymen; sie bilden Amylase, Maltase und Invertase, auch Enzyme, welche Eiweißverbindungen und Fette umwandeln.

Der gemeine Pinselschimmel, *Penicillium glaucum* = *P. crustaceum*[1]) ist der verbreitetste und lästigste Schimmel, welcher überall auftritt, in der Brauerei besonders auf Grün- und Darrmalz, auf an der Luft stehender Würze und Hefe, in Leitungen, auf nicht genügend gereinigten Geräten, auf Stopfen usw. Er kann Schimmel- und Stopfengeruch und -geschmack des Bieres verursachen.

P. glaucum ist nach neueren Untersuchungen eine Sammelart, welche aus zahlreichen durch kleine aber beständige Unterschiede und verschiedenes physiologisches Verhalten unterscheidbaren Arten oder Formen besteht. Pinselschimmel bedingen den eigenartigen pikanten Geschmack mancher französischen und norditalienischen Käse.

Kolbenschimmel, *Aspergillus*[2]).

§ 77. Das Myzel ist vielseitig. Die Schimmelrasen sind anfangs weißlich oder gelblich, später werden sie meistens farbig. Die teils unverzweigten, teils gabelig verzweigten aufrecht emporragenden ½ bis 2 mm hohen Konidienträger sind am oberen Ende zu einem kugeligen Kolben angeschwollen. Hier finden sich zahlreiche strahlig angeordnete kurz kegel- oder flaschenförmige Sterigmen, an denen sich Konidienketten entwickeln. Die Konidien messen 3 bis 15 μ.

Die Kolbenschimmel bilden diastatische und invertierende Enzyme. Sie kommen mit den vorigen Arten zusammen vor, in Brauereien besonders auf zerbrochenen beschädigten oder nicht keimfähigen Gerstenkörnern.

---

[1]) *Glaucum* (lateinisch) blaugrün; *crustaceus* (lateinisch) krustenbildend.

[2]) Von *aspergo* (lateinisch) ich spritze an, wegen der Ähnlichkeit der Konidienträger mit einem Sprengwedel.

Diese Pilze gehören ebenfalls zu der Klasse der Schlauch-pilze, da sie auch Fruchtkörper mit in Schläuchen entstehenden Sporen besitzen.

Von den zahlreichen Arten sind die häufigsten:

Der blaugrüne Kolbenschimmel, *Aspergillus glaucus*, dessen Rasen anfangs weißlich, später blaugrün sind. Die Konidienträger sind etwa 0,5 mm lang, die Konidien 7 bis 15 μ groß.

Der schwarze Kolbenschimmel, *Aspergillus niger*[1]), bildet anfangs gelbliche Rasen, die später schwärzlich werden infolge der dunklen Farbe der Konidienketten. Konidienträger schlank, einige mm hoch. Konidien 3 bis 4,5 μ. Diese Art ist dadurch von Interesse, daß sie in Flüssigkeiten, welche Zuckerarten oder chemisch verwandte Substanzen enthalten, Oxal-säuregärung in größerem Maßstabe hervorzurufen imstande ist.

Bemerkenswert ist ferner der japanische Reisschimmel, *Asper-gillus oryzae*[2]), welcher wegen seiner kräftigen diastatischen Wirkung in Japan zur Herstellung des Reisbieres (Sake) allgemein Verwendung findet.

Die Sporen des Pilzes werden auf gedämpften Reis ausgesät; es ent-steht „Koji", d. h. Reis, welcher vom Myzel des Pilzes ganz durchwuchert ist, was schon nach 3 Tagen bei 36° C vollkommen der Fall ist. Die Rasen des Pilzes sind weiß; infolge der Sporenbildung werden sie gelblich-grün und später braun. „Koji" wird dann nochmals mit gedämpftem Reis und Wasser vermengt.

Durch das diastatische Enzym wird die Stärke verzuckert. Zugleich beginnt auch die Entwicklung der Hefe, die auf dem Reisstroh vorkommt, auf welchem die Masse vorher ausgebreitet war. Diesen Zustand nennt man „Motto". Zu diesem wird wieder gedämpfter Reis und Wasser gebracht, alles zu einem Brei zusammengerührt und in Bottichen sich selbst überlassen. Jetzt findet hauptsächlich die Verzuckerung der Stärke statt, und zwar wird auch zunächst Maltose und Dextrin gebildet, diese aber sogleich in Dextrose zerlegt, welche dann vergoren wird („Moromi"). Die Hefe gehört zu der Gattung *Saccharomyces* wie unsere Kulturhefe (§ 77). Nach etwa 2 Wochen wird das Ganze durch ein Leintuch geseiht, auf etwa 60° C erhitzt, und das Getränk ist fertig.

In bezug auf die Herstellung aus einem stärkemehlhaltigen Samen verhält sich Sake wie unser Bier, aber wegen seines hohen Alkoholgehalts (12 bis 14 Gew. %) und seiner sonstigen Eigenschaften, z. B. der Extrakt-armut, gleicht es dem Wein. Daher spricht man auch von Reiswein.

Was bei uns die Diastase des Malzes bewirkt, vollzieht in Japan der an Diastase reiche Schimmelpilz und ersetzt den kostspieligen Malz- und Maisch-prozeß. Außerdem gehen dort die beiden Prozesse der Verzuckerung und der Gärung unmittelbar nebeneinander in demselben Behälter vor sich, indem die entstehende Dextrose sogleich vergoren wird.

Da in der Sake-Brauerei das Auftreten der Gärungsorganismen vom Zufall abhängt, diese Arbeitsweise viele Nachteile mit sich bringt, und auch Essigsäure und Milchsäure erzeugende Bakterien häufig empfindliche Störungen des Betriebes hervorbringen, so trachten jetzt die Japaner danach, die Sake-Bereitung auf wissenschaftlicher Grundlage zu verbessern und be-sonders Hefereinkulturen einzuführen. Bei Tokio ist deshalb auch eine Brauerschule errichtet worden.

---

[1]) *Niger* (lateinisch) schwarz.
[2]) *Oryza sativa*, lateinischer Name für den Reis.

Unvollkommen bekannte Schimmelpilze.

§ 78. Die beschriebenen Gattungen sind ihrer ganzen Entwicklung nach bekannt und können daher in bestimmte Klassen
des natürlichen Systems eingereiht werden. Von zahlreichen ähnlichen Pilzen kennt man aber nur Konidien erzeugende Zustände,
während höher organisierte Fruchtkörper bis jetzt noch nicht beobachtet worden sind. Die Stellung solcher Pilze ist daher im System
unsicher, und sie werden als unvollkommen bekannte Pilze
(*Fungi imperfecti*) zusammengefaßt. Einige, welche häufig in der
Brauerei vorkommen und zu den Schimmelpilzen augenscheinlich
Beziehungen haben, d. h. ein typisches Myzel bilden und aerob
leben, seien hier erwähnt.

Milchschimmel, *Oidium lactis*[1]).

§ 79. Dieser Pilz ist dadurch ausgezeichnet, daß das aus vielzelligen und unregelmäßig verzweigten Hyphen bestehende Myzel
in kurzzylindrische fast rechteckige nur an den Ecken etwas
abgerundete Zellen zerfällt, welche Konidien darstellen. Dieser
Vorgang vollzieht sich besonders an den Enden, seltener in der Mitte
der Hyphen.

Der Milchschimmel kommt häufig auf Milch und Rahm aber auch
auf Brauereihefe vor und bildet meist einen feinfädigen Anflug
oder Flaum, seltener einen mehlig trockenen oder schleimigen Über-
zug. Bei künstlicher Zucht erscheint er dagegen als weißlicher
dichtfilziger pelziger Belag des Nährbodens.

Dieser Schimmel entwickelt nur eine ganz schwache Gärtätig-
keit; es entsteht in 3 Monaten etwa 1% Alkohol. Er besitzt auch ein
proteolytisches Enzym, denn Gelatine wird durch ihn verflüssigt,
und zwar besonders leicht bei saurer Reaktion.

Wahrscheinlich umfaßt der sogenannte Milchschimmel zahlreiche Arten oder Rassen, die schwer zu unterscheiden sind, sich aber
physiologisch verschieden verhalten, besonders in bezug auf die Ausscheidung von Enzymen.

Roter Malzschimmel, *Fusarium roseum*[2]).

§ 80. Die rote Färbung von Grünmalz wird durch diesen
Pilz hervorgerufen; er greift aber nur verletzte Körner an. Er
scheint Stärke umwandeln zu können, bildet aber keinen Alkohol.

Zuerst ist das Myzel weißlich, färbt sich aber später rötlich.
Die Konidienlager sind kissenförmig oder etwas ausgebreitet, ohne
bestimmte Umrisse, wachsartig oder fädig. Die Konidienträger
sind verzweigt. Die sichelförmigen, anfangs ein-, später mehr-
zelligen Konidien entstehen endständig und einzeln. Auch Gem-
menbildung ist beobachtet worden.

---

[1]) *Oidium* von *oon* (griechisch) Ei, wegen der oft eiförmigen Gestalt
der Konidien; *lac, lactis* (lateinisch) Milch.

[2]) Von *fusus* (lateinisch) Spindel, wegen der bisweilen spindelförmigen
Konidien; *roseum* (lateinisch) rot.

Kräuterschimmel, *Cladosporium herbarum*[1]).

§ 81. Das Myzel ist anfangs wasserhell, später olivgrün, zuletzt braun und bildet kleinere Häufchen, die auch zu größeren Rasen zusammenfließen können. Diese bestehen besonders aus den wenig verzweigten aufrechten Konidienträgern, welche sich untereinander verflechten. Die Konidien sind von eiförmiger Gestalt, braun 1- oder 2- bis 5zellig, bis 25 μ lang und 10 μ breit; sie werden meist an der Spitze der Hyphen aber auch seitlich abgeschnürt.

Dieser Pilz ist auf toten und lebenden Pflanzen sehr häufig. In Brauereien tritt er besonders auf Malz und Hopfen sowie an den Kellerwänden auf. Er kommt auch auf Stopfen vor.

Bündelschimmel, *Dematium pullulans*[2]).

§ 82. Die Hyphen sind entweder wenig entwickelt oder bilden auch rasige Lager; Konidienträger aufrecht, gar nicht oder wenig verzweigt, mit Querwänden und seitlichen Ketten von Konidien. Diese sind rundlich oder eiförmig und einzellig. Die Konidien bilden durch Teilung Zellhaufen, und jede einzelne Zelle vermehrt sich fortwährend durch Sprossung. Zellen des Myzels und auch Konidien können zu Gemmen werden, d. h. sie schwellen an, bekommen dicke Wände, speichern Tröpfchen von fettem Öl auf und werden dann fast schwarz (§ 58).

Dieser Pilz ruft keine Gärung hervor. In der Natur findet er sich auf faulenden Früchten, besonders auf Weinbeeren. In Brauereien kommt er an feuchten Stellen vor. Würze kann durch ihn entfärbt und fadenziehend werden. Auf Nährflüssigkeit bildet er oft eine starke Haut; er ist also ein **Kahmpilz** (§ 57).

Weißer Fruchtschimmel, *Monilia candida*[3]).

§ 83. Diese Art findet sich häufig auf faulenden Früchten, Mist, abgestorbenen Pflanzenteilen usw. Sie kommt aber auch in und auf zuckerhaltigen Flüssigkeiten vor.

Die Hyphen sind verzweigt und bilden meist dichte weiße Rasen, welche an vielen Stellen konidientragende Äste entsenden. Die Konidien sind ei- oder zitronenförmig und bilden Ketten.

In jungen Kulturen haben die meist einzeln auftretenden Zellen ein hefeähnliches Aussehen; ihre Vermehrung erfolgt auch durch Sprossung. Diese Zellen unterscheiden sich aber von der eigentlichen Hefe durch das Vorhandensein von 1 oder 2 stark lichtbrechenden Körpern in den Vakuolen.

Nach und nach nehmen die Zellen eine mehr längliche Gestalt an. In alten Kulturen entwickelt sich schließlich ein charakteristi-

---

[1]) *Klados* (griechisch) Zweig, wegen der verzweigten Konidienträger; *herba* (lateinisch) Kraut.

[2]) Von *dema* (lateinisch) Bund, Bündel; *pullulans* (lateinisch) sprossend.

[3]) *Monile* (lateinisch) Perlschnur, wegen der Gestalt und Anordnung der Konidien; *candida* (lateinisch) weiß.

sches Myzel, und es kommt auf der Oberfläche eine weißliche Schimmelvegetation zustande. An diesen Myzelfäden entstehen sowohl seitlich wie an den Enden zahlreiche Konidien von hefeähnlicher Gestalt, welche sich dann wiederum durch Sprossung eine zeitlang vermehren. Hohe Temperaturen schaden dem Pilz wenig; bei 40° C entwickelt er sich noch kräftig.

Bemerkenswert ist, daß junge kräftige Zellen dieses Pilzes eine langsame aber doch lebhafte Gärung hervorrufen, da auch Dextrin vergoren wird; es wurden in 26 Monaten bis zu 5,2 Gew. % Alkohol beobachtet. Hervorzuheben ist ferner, daß dieser Pilz Saccharose vergärt. Das in Betracht kommende Enzym ist hier an das Plasma der Zelle gebunden und die Invertierung der Saccharose geht somit im Innern der Zelle vor sich; daher ist äußerlich hiervon nichts wahrzunehmen.

Monilia lebt hauptsächlich aerob und ist auch ein Kahmpilz (§ 57); er bildet nach und nach eine gefaltete schleimige Haut auf der Oberfläche.

Die beschriebenen Schimmelpilze sind einige der bei uns am häufigsten vorkommenden Arten; es gibt aber deren außerordentlich viele, auf die hier nicht näher eingegangen werden kann. Oft ist ihre Bestimmung nicht leicht und erst nach Kulturen auf verschiedenen Nährböden und unter verschiedenen Lebensbedingungen möglich.

2. Sproßpilze, Hefepilze, Saccharomyzeten[1]).

§ 84. Die hierher gehörigen Pilze sind dadurch ausgezeichnet, daß sie sich hauptsächlich durch Sprossung vermehren und in den meisten Fällen einzellige Organismen darstellen. Ein typisches Myzel fehlt. Unter besonderen Lebensbedingungen kommen höchstens myzelartige Bildungen in geringem Maßstabe vor. Unter bestimmten Bedingungen bilden sie Endosporen, und zwar 1 bis 10 in je einer Zelle.

Sehr viele Hefepilze besitzen die Fähigkeit, alkoholische Gärung hervorzurufen. Dieselbe Eigenschaft kommt aber auch vielen Schimmelpilzen und Bakterien zu. Im allgemeinen leben die Hefen anaerob; vielfach können sie sich auch an aerobe Lebensweise anpassen.

Echte Hefen, *Saccharomyces*.

§ 85. Der Bau der Hefezellen und ihre Vermehrung durch Sprossung wurden in § 18 beschrieben. Die Gestalt der Zellen ist rundlich eiförmig, länglich bis wurstförmig. Sehr langgestreckte Formen kommen in den auf der Oberfläche der Flüssigkeiten entstehenden Hautbildungen vor (§ 86). Die Zellform gestattet im allgemeinen keinen sicheren Schluß auf eine bestimmte Art oder Rasse, da sie veränderlich ist und besonders von äußeren Einflüssen abhängt; so lange diese die gleichen bleiben, pflegt meist auch die

---

[1]) *Saccharum* (lateinisch) Zucker; *mycetes* (griechisch) Pilze.

Gestalt der Zellen für eine bestimmte Rasse charakteristisch zu sein.

Das wichtigste Merkmal der echten Hefearten besteht in der Bildung von Endosporen; meist werden 1 bis 4 Sporen gebildet. Diese kommen nur ausnahmsweise in der Nährflüssigkeit zur Ausbildung. In den meisten Fällen tritt die Sporenbildung nur dann ein, wenn wenig Nährstoffe, reichlicher Luftzutritt und genügende Feuchtigkeit vorhanden sind. Diese Bedingungen werden am besten erfüllt bei der Kultur auf dem Gipsblock (Fig. 26).

Der Gipsblock ist etwa 3 cm hoch, hat einen Durchmesser von 4 bis 5 cm und zylindrische oder schwach kegelförmige Gestalt.

Man stellt Gipsblöcke her durch Einfüllen von mit Wasser angerührtem Gips in eine Messingform. Diese wird erhitzt, bis sich der Gips von der Form loslöst. Die Blöcke werden dann bei mäßiger Wärme getrocknet.

Die Schalen mit dem Gipsblock werden, wie alle derartigen für Pilzkulturen verwendeten Gegenstände, in Papier eingewickelt, sterilisiert und sorgfältig aufbewahrt. Erst im Arbeitskasten, unmittelbar vor dem Anlegen der Kultur, werden sie ausgewickelt.

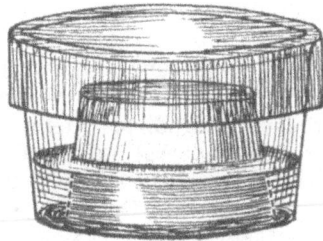

Fig. 26. Schalen mit Gipsblock in sterilem Wasser.

Der Gipsblock wird in eine etwas größere und höhere Schale gestellt, welche bis zur Hälfte mit sterilem Wasser gefüllt und mit einer passenden Schale zugedeckt wird. Um den Luftzutritt zu erleichtern, legt man auf den Rand der unteren Schale ein Stückchen Fließpapier, so daß die beiden Schalen nicht fest aufeinander liegen.

Eine Gipsblockkultur wird vorbereitet, indem man den Bodensatz der zu untersuchenden Hefe dreimal hintereinander in Kölbchen mit frischer Würze überimpft, um so junge kräftige Zellen zu bekommen, denn diese sind für die Sporenbildung am meisten geeignet. Von der Bodensatzhefe des letzten Kölbchens bringt man vermittelst eines sterilen Glasstabes eine dünne Schicht auf die obere Fläche des Gipsblockes, der dann im Wärmeschrank bei bestimmten Temperaturen, z. B. 25 oder 15⁰ C gehalten wird.

Die Endosporen entstehen meist zu 4, es kommen aber 1 bis 3 vor. Das Plasma der Mutterzelle wird bei der Sporenbildung nicht vollkommen verbraucht; ein Teil desselben bleibt erhalten und heißt Periplasma[1]). In diesem sind die Sporen eingebettet.

Die Sporen, welche große Widerstandsfähigkeit besitzen, werden frei durch Bersten oder Auflösung der Zellwand der Mutterzelle. Die Mutterzelle, in welcher die Sporenbildung vor sich geht, nennt man einen *Ascus* (Schlauch); dieser ist hier von der vegetativen Zelle

---

[1]) *Peri* (griechisch) um, herum.

nicht verschieden. Die Hefepilze gehören deswegen zu den Schlauch-
pilzen (*Ascomycetes*).

Das Optimum für die Vermehrung und das Wachstum der
Hefepilze ist 22 bis 27⁰ C, für die meisten Arten 25⁰ C (für Bakterien
33 bis 35⁰ C). Infolgedessen hält man Kulturen von Hefen im Thermostaten im allgemeinen bei 25⁰ C. Die untere Vegetationsgrenze
liegt etwa bei 1 bis 2⁰ C (die der für die Brauerei wichtigen Bakterien
bei 4 bis 6⁰ C).

§ 86. Die *Saccharomyces*-Arten sind Anaeroben, da sie im
allgemeinen in zuckerhaltigen Flüssigkeiten leben. Bei vielen echten
Hefepilzen kommt es aber dennoch zu einer Hautbildung, wenn
die vergorene Flüssigkeit bei geeigneter Temperatur unter genügendem Luftzutritt längere Zeit ruhig steht. Einzelne Hefezellen gelangen an die Oberfläche der Flüssigkeit und kommen hier mit der
Luft in Berührung. Sie wachsen dann zu länglichen Zellen aus
und vermehren sich durch Sprossung, längere Ketten und Sproßverbände bildend, die Ähnlichkeit mit echten Myzelien haben. So
entstehen zunächst auf der Oberfläche der Flüssigkeit kleine weißliche Flecke, welche sich nach und nach zu einer zusammenhängenden
Haut vereinigen. Oder die Hautbildung beginnt an der Wandung
des Gefäßes und breitet sich von hier über die Flüssigkeit aus. Wenn
die Haut außerdem an der Gefäßwandung emporsteigt, so spricht
man von Heferingbildung.

Die Zeit der Hautbildung ist je nach der betreffenden Hefeart
und den äußeren Bedingungen verschieden und wechselt zwischen
1 bis 15 Wochen. Ebenso ist die Gestalt der Hautzellen bei den
einzelnen Arten verschieden; diese Unterschiede treten am meisten
bei 13 bis 15⁰ C hervor. Die Haut der *Saccharomyces*-Arten ist
kreideweiß oder gelblich-weiß und ausgezeichnet durch die sehr
langsame Entwicklung.

Bei untergärigen Hefen kommen in der Hautvegetation sogenannte Dauerzellen vor, die durch dicke Wände, geringe Va-
kuolenbildung und Reichtum an Öltröpfchen und Glykogen ausgezeichnet sind und lange Lebensdauer sowie große Widerstandsfähigkeit besitzen.

§ 87. In charakteristischer Art und Weise entwickeln sich die
verschiedenen Hefearten oder Rassen auf festem Nährboden;
es entstehen dann große weißliche in der Mitte stark erhöhte Kolonien, Riesenkolonien genannt.

Zur Anlage solcher Kulturen sind Erlenmeyer-Kolben mit
einer etwa 2 cm hohen Schicht von 10%iger Würzegelatine geeignet.
Mit einer Kapillarröhre bringt man im Arbeitskasten eine Spur der
reinen Hefe auf die Gelatine, ohne diese zu verletzen. In
genügend großen Kolben kann man zum Vergleich mehrere solcher
Riesenkolonien nebeneinander anlegen. Die Kulturgefäße werden
am besten bei 9 bis 20⁰ C gehalten. Die Entwicklung der Riesenkolonien ist eine sehr langsame. Bis zu ihrer völligen Ausbildung ver-

gehen je nach den Arten, Temperaturen usw. mehrere Wochen, selbst einige Monate.

Die Verschiedenheit der fertigen Riesenkolonien, welche bis einige cm im Durchmesser und mehrere mm Höhe erreichen, beruht auf dem Aussehen, der Farbe, der Beschaffenheit usw. der Oberfläche und des Randes, der Höhe und Gestaltung ihres mittleren Teiles, der Form der einzelnen Zellen usw. Die Zellformen, welche sich hier finden, entsprechen im allgemeinen denen in der Haut.

§ 88. Die Hefen verdanken ihre Verwendung in der Brauerei der Fähigkeit, **Alkoholgärung** herbeizuführen, d. h. Zuckerarten unter Aufnahme von Wasser in Alkohol und Kohlensäure umzuwandeln, wobei auch noch geringe Mengen anderer Stoffe als Nebenprodukte auftreten.

100 g Maltose nehmen ungefähr 5,3 g Wasser auf, und es bilden sich etwa 50 g Alkohol, 50 g Kohlensäure, 2,5 bis 3,5 g Glyzerin; außerdem entstehen 0,4 bis 0,7 g Bernsteinsäure usw. Der Rest wird hauptsächlich von der Hefe zur Neubildung von Zellen und zu inneren Lebensvorgängen verbraucht.

Mit chemischen Mitteln hat man niemals Alkoholgärung hervorbringen können. Dieselbe wird ausschließlich durch ein Enzym bedingt, welches von dem lebenden Plasma der Hefezellen gebildet wird. 1897 ist es *Ed. Buchner*[1]) gelungen, durch Zerreiben und Auspressen der Hefe unter hohem Druck einen Saft zu gewinnen, der dieselben Eigenschaften besitzt wie die lebende Hefe, weil er Zymase[2]) enthält. Diese besteht, nach den Wirkungen zu urteilen, aus mehreren Enzymen; dasjenige, welches die Alkoholbildung bewirkt, wird als Alkoholase bezeichnet.

Biologisch ist die Alkoholgärung wahrscheinlich als ein Kampfmittel der Hefen im Wettbewerb mit anderen Mikroorganismen aufzufassen. Die Hefen haben sich dem Leben in alkoholischen Flüssigkeiten so angepaßt, daß sie 8 bis 14 Gew.% Alkohol ertragen (kräftige Weinhefen bis 16%), während alle anderen in zuckerhaltigen Flüssigkeiten auftretenden Mikroorganismen durch einen Alkoholgehalt von 4 bis 10 Gew.% in ihrer Entwicklung gehemmt und sogar geschädigt werden.

Die Hefe setzt aber die Alkoholbildung über das Maß, welches sie ertragen kann, hinaus fort und vergiftet sich dann selbst. In der freien Natur dürfte es dazu wohl kaum kommen, da der Alkohol leicht verdunstet oder durch andere Mikroorganismen weiter verarbeitet wird; Bakterien verwandeln ihn z. B. zu Essigsäure und diese wiederum zu Kohlensäure und Wasser (vgl. § 111).

Das Temperaturoptimum der alkoholischen Gärung liegt für die meisten Hefen bei 30 bis 35° C, das Minimum bei 0° C, das Maximum bei 50 bis 55° C.

---

[1]) Prof. Dr. Eduard Buchner, damals in München, zuletzt in Würzburg, gefallen 1917.

[2]) Von *zymoo* (griechisch) ich bringe in Gärung.

Das Optimum des Extraktgehaltes der Bierwürze ist je nach den Hefen 8 bis 12% Ball.

§ 89. Zur sicheren Bestimmung einer Hefeart oder Rasse müssen folgende Merkmale in Betracht gezogen werden:

1. Mikroskopisches Aussehen der Zellen der Bodensatzhefe (§ 85).
2. Zeit der Sporenbildung und Aussehen der Sporen (§ 90).
3. Art und Weise der Hautbildung, Gestalt und Beschaffenheit der Hautzellen (§ 86).
4. Aussehen der Riesenkolonien (§ 87).
5. Gärungserscheinungen (§ 88).
6. Aussehen und Verhalten in Tröpfchenkulturen usw. (§ 94).

§ 90. Es sind zunächst 2 Gruppen der Hefepilze zu unterscheiden:

Kulturhefen, welche durch uralte Kultur veredelt worden sind und bei der Bierbereitung für sich allein die Haupt- und Nachgärung in bestimmter Weise durchführen (§ 91).

Wilde Hefen, welche Krankheiten des Bieres in Form von schlechtem Geschmack und Geruch, Trübung, ungeeigneten Gärungserscheinungen usw. bedingen können (§ 94).

Das Aussehen der Sporen liefert die besten Merkmale, um wilde Hefe und Kulturhefe unter dem Mikroskop zu unterscheiden. Bei den wilden Hefen ist der Zellinhalt der Sporen stark lichtbrechend und gleichartiger, die Wand tritt weniger deutlich hervor. Bei den Kulturhefen dagegen hebt sich die Wand schärfer vom Zellinhalt ab, dieser ist weniger lichtbrechend und weniger gleichartig; hier sind die Sporen auch meist etwas größer, und ihre Ausbildung erfordert bei derselben Temperatur in der Regel längere Zeit, d. h. bei 25° C mehr als 40 Stunden, bei 15° C mehr als 72 Stunden.

Auch bei den einzelnen Arten der wilden Hefen bestehen nicht unwesentliche Unterschiede in bezug auf die Temperatur, bei der die Sporenbildung beginnt, das Optimum derselben usw. sowie auf das Aussehen und die Beschaffenheit der Sporen. Zum Teil stützen sich die Unterscheidungen der Arten hauptsächlich auf diese Merkmale, welche am beständigsten sind, während alle übrigen, besonders die Gestalt der Zellen, von Zufällen, äußeren Lebensbedingungen, Alter usw. sehr abhängen.

Kulturhefen, *Saccharomyces cerevisiae.*

§ 91. Diejenigen Hefepilze, welche im Laufe von Jahrhunderten so verändert und veredelt worden sind, daß sie bei der Bierbereitung für sich allein die Haupt- und Nachgärung in bestimmter Weise durchzuführen imstande sind, heißen Kulturhefen im Gegensatz zu den wilden Hefen, welche dies nicht können und meist sogar Schädigungen (Krankheiten) des Bieres hervorrufen (vgl. § 94).

Kulturhefen sind in der freien Natur nicht beobachtet worden; ihr Ursprung ist wie bei vielen seit alten Zeiten in Kultur befindlichen Pflanzen und Tieren nicht mit Sicherheit festzustellen. Im Laufe der Zeit ist eine große Anzahl von R a s s e n oder S t ä m m e n von Kulturhefen gezüchtet worden; meist werden sie in den verschiedenen Laboratorien mit fortlaufenden Nummern bezeichnet.

Abgesehen von den angeführten Merkmalen unterscheiden sich die Heferassen durch ihre p h y s i o l o g i s c h e n E i g e n s c h a f t e n (Gärungserscheinungen), welche bei gleichen Lebensbedingungen, besonders bei gleicher Ernährungs- und Behandlungsweise, im allgemeinen große Beständigkeit zeigen.

Die wichtigsten dieser Eigenschaften der Kulturhefen beruhen auf ihrem Verhalten und ihrer Wirksamkeit zunächst bei der Hauptgärung, dann bei der Klärung und dem Absetzen, bei der Nachgärung, ferner in bezug auf die Haltbarkeit im allgemeinen, auf Geschmack und Geruch, Schaumhaltigkeit usw. Ändern sich die Ernährungsverhältnisse der Hefe, d. h. wird die Zusammensetzung der Würze eine andere, oder muß sich die Gärung bei anderen Temperaturen vollziehen, als es normalerweise der Fall ist, oder werden andere Behandlungsweisen usw. eingeführt, so können dadurch die charakteristischen Eigenschaften einer bestimmten Heferasse sehr beeinflußt und mehr oder weniger verändert werden.

Die Kulturhefen leben im allgemeinen a n a e r o b; wenn auch anfangs Luft in den zu vergärenden Flüssigkeiten in größerer oder geringerer Menge vorhanden ist, so wird diese bzw. der Sauerstoff bald verbraucht. Die über den Gärbottichen lagernde schwerere Kohlensäure läßt Luft nur in geringem Maße an die Oberfläche der Flüssigkeit gelangen. Das L ü f t e n, d. h. die Zuführung von Luft zu der gärenden Flüssigkeit bald nach dem Einlaufen der Würze in den Gärbottich, bewirkt bei Unterhefe eine reichlichere Vermehrung durch Sprossung, es wird also mehr Hefe gebildet, und infolgedessen ist die Vergärung vollständiger. Ohne Zuführung von Luft dagegen wird die vorhandene Hefe bezüglich ihrer Gärungsleistung am vollständigsten ausgenutzt.

§ 92. Nach ihrem Verhalten bei der Gärung unterscheidet man u n t e r g ä r i g e und o b e r g ä r i g e Hefen. Erstere sinken im Verlaufe der Hauptgärung zum größten Teil zu Boden, und diese vollzieht sich bei verhältnismäßig niedrigen Temperaturen in 8 bis 10 Tagen. Bei der Obergärung bleibt die Hefe dagegen in der Würze lange schwebend und kommt mehr an die Oberfläche, und die Schaumblasen an der Oberfläche sind mit einer dicken Schicht von Hefezellen bedeckt. Die Hauptgärung ist hier schon in 2 bis 3 Tagen beendet und vollzieht sich bei höheren Temperaturen (20 bis 24⁰ C). Charakteristische obergärige Biere sind Berliner Weißbier, Leipziger Gose, Jenenser Lichtenhainer, Münchener Weizenbier usw.

Nach dem Vergärungsgrade werden 3 Gruppen von unter- und obergärigen Hefen unterschieden:

Hochvergärende Rassen bedingen langsame Klärung, erzeugen aber feineren Geschmack und Geruch; das Bier ist haltbarer in bezug auf Trübung und eignet sich besonders für Exportbier. 60 bis 65% des Extraktes werden von diesen Rassen vergoren (wirklicher Vergärungsgrad).

Mittelvergärende Rassen führen ziemlich schnelle Klärung herbei. Das Bier ist stark schaumhaltig aber weniger haltbar in bezug auf Trübung und daher mehr für Schenk- und Lagerbier geeignet. Die Vergärung beträgt 55 bis 60%.

Niedrigvergärende Rassen verursachen sehr schnelle Gärung und schöne Gärungserscheinungen; das Bier ist stark schaumhaltig, nicht sehr haltbar in bezug auf Trübungen, höchstens für Schenkbier verwendbar. Es werden 50 bis 55% vergoren.

§ 93. In der Literatur findet man verschiedene Typen von Kulturhefen häufig genannt, und einige verdienen daher hier auch Erwähnung.

Die Hefe Frohberg stammt aus der Brauerei Frohberg in Grimma in Sachsen und ist eine Unterhefe. Die Hefe Saaz, welche in der Betriebshefe einer Saazer Brauerei als Nebenrasse enthalten war und daraus rein gezüchtet wurde, zeigt ebenfalls alle morphologischen Merkmale (einschließlich der Sporenbildung) der Brauereikulturhefe. Sie gibt jedoch, im Betriebe verwendet, keine normale Gärung und kann daher eigentlich nicht zu den Kulturhefen gerechnet werden.

Stellt man im Laboratorium mit gleicher Würze Versuche mit Hefe Frohberg und mit Hefe Saaz an, so bleibt letztere immer im scheinbaren Vergärungsgrad um 8 bis 12% hinter Frohberghefe zurück.

Von den aus Betriebshefe rein gezüchteten Heferassen verhalten sich manche wie die Hefe Frohberg, manche wie die Hefe Saaz. Daher spricht man von einem Typus Frohberg und von einem Typus Saaz.

Die Reinhefen, welche man jetzt in den untergärigen Brauereien als Betriebshefe verwendet, gehören wohl ausschließlich zum Typus Frohberg; nach ihrem Verhalten im Betriebe werden dieselben, wie oben näher ausgeführt ist, in hoch-, mittel- und niedrigvergärende Rassen eingeteilt. Bemerkenswert ist ferner die Logoshefe, welche ihren Namen erhielt, weil sie aus einer Betriebshefe der Brauerei Logos & Cie. in Brasilien isoliert wurde. Diese Hefe vergärt höher als der Typus Frohberg, d. h. einen Teil der Dextrine.

Die Karlsberg-Unterhefen Nr. 1 und 2 sind deshalb von Interesse, weil sie von Hansen als erste Reinkulturen dargestellt wurden und als solche 1883 in der Karlsberg-Brauerei in Kopenhagen zum ersten Mal praktische Verwendung fanden.

Die wichtigsten Eigenschaften dieser beiden Hefen sind folgende:

Nr. 1 (= *Saccharomyces Carlsbergensis*): Zellen meistens länglich, Sporenbildung langsamer als bei Nr. 2; Kräusen niedrig, Klärung langsam; Bodensatzhefe gewöhnlich mehr flüssig; stärker vergärend als Nr. 2; Bier haltbarer, daher als Lager- und Exportbier.

Nr. 2 (= *Saccharomyces Monacensis*): Die Zellen kurz oval, einige fast kugelig; Sporenbildung schneller und reichlicher als bei Nr. 1; Kräusen fest und hoch, es bildet sich eine dicht zusammenhängende Decke; Klärung verhältnismäßig schnell; der Bodensatz liegt fest im Bottich; schwächer vergärend als Nr. 1; Bier weniger haltbar, daher besonders als Schenkbier.

Wilde Hefen.

§ 94. Als wilde Hefen bezeichnet man solche Arten, welche die normalen Gärungsvorgänge stören oder Schädigungen des Bieres, wie scharfen und bitteren Geschmack, unangenehmen Geruch, Trübung usw. herbeiführen können.

Die grundlegenden Arbeiten über die wichtigsten Krankheitshefen rühren ebenfalls von Hansen her, welcher die Lebensverhältnisse vieler Arten sehr genau untersuchte. Die beiden wichtigsten Sammelarten sind: *Saccharomyces Pastorianus*, welcher meist mehr langgestreckte, sogenannte wurstförmige Zellen bildet, und *S. ellipsoideus* mit mehr eiförmigen fast elliptischen Zellen. Später zeigte Hansen, daß erstere 3 Arten umfaßt, welche er anfangs mit den Nummern I, II, III bezeichnete, während letztere 2 Arten, I und II, einschließt. Später haben diese 5 Arten von Hansen folgende Namen erhalten:

Saccharomyces Pastorianus		I = *S. Pastorianus*,
,,	,,	II = *S. intermedius*,
,,	,,	III = *S. validus*,
,,	*ellipsoideus*	I = *S. ellipsoideus*,
,,	,,	II = *S. turbidans*.

Die 5 Arten unterscheiden sich zum Teil wesentlich durch Abweichungen in bezug auf das Temperaturoptimum und die Zeit der Sporenbildung, Zeit und Beschaffenheit der Hautbildung bei verschiedenen Temperaturen, Aussehen der Hautzellen, durch die Gärungserscheinungen, durch ihr Verhalten bei Kulturen auf festem Nährboden (Riesenkolonien), bei Tropfen- oder Tröpfchenkulturen sowie in und auf dünner Gelatineschicht. Die Gestalt der in der Würze sich entwickelnden Zellen ist auch hier nicht entscheidend.

In Tröpfchenkulturen sind die Kolonien der wilden Hefen lockerer gebaut und erscheinen mehr lichtbrechend, während die der Kulturhefen mehr zusammenhängend und dunkler sind.

Die wichtigsten Unterschiede zwischen Kultur- und wilden Hefen liegen, wie schon in § 90 erwähnt wurde, in den Sporen. Dieselben sind bei den wilden Hefen stark lichtbrechend, ihr Inhalt ist gleichmäßig und die Wand wenig deutlich. Außerdem geht die Sporenbildung meistens rascher vor sich als bei den Kulturhefen, d. h. in weniger als 40 Stunden bei 25° C und weniger als 72 Stunden bei 15° C.

Die wilden Hefen setzen sich im allgemeinen nicht so rasch ab wie die Kulturhefen. Wegen des geringen Bodensatzes ist es daher bei ihnen etwas langwieriger, das nötige Material für Gipsblockkulturen zu erhalten.

Die Schädigungen, welche die wilden Hefen in Würze und Bier anrichten, hängen auch von äußeren Lebenbedingungen ab. Es wurde z. B. nachgewiesen, daß eine derartige Hefe, welche dem Biere einen bitteren Geschmack verlieh, diese Eigenschaft bei längerer Kultur in der Nähe des Temperaturmaximums verlor. Ebenso kann aber auch eine bisher unschädliche wilde Hefe durch Änderungen der äußeren Bedingungen Schädigung herbeiführen.

Da an den wilden Hefen zuletzt häufig sehr kleine Zellen hervorsprossen, können diese selbst die Filter passieren und in das Bier gelangen, wo sie dann, besonders in Flaschen, sich üppig entwickeln, da sie jetzt nicht mehr die Konkurrenz der Kulturhefe haben.

Die hauptsächlichsten natürlichen Entwicklungsherde für wilde Hefen sind Weinberge und Obstgärten; dort gelangen sie auch in die Erde und werden durch Regen und Wind sowie durch Insekten, welche die Früchte besuchen, weit verbreitet. Zur Zeit der Fruchternte und der Bodenbearbeitung sind wilde Hefen daher häufig in der Luft anzutreffen. Sie finden sich aber auch im Wasser, auf Getreide und Malz, auf Holz und Leder. Bei mangelnder Reinlichkeit siedeln sie sich an den verschiedensten Stellen in der Brauerei an, und so können dann beständig Infektionen erfolgen.

§ 95. Mehr botanisches als praktisches Interesse haben folgende Hefen, die im Betriebe selten vorkommen und auch keine Bierkrankheit hervorrufen:

Hansenia (Saccharomyces) apiculata[1]). Besonders in jungen Kulturen haben die Zellen eine ungefähr zitronenförmige Gestalt, d. h. entweder oben und unten oder auch nur an einem Ende findet sich eine kleine Zuspitzung. Deswegen wird diese Art Spitzhefe genannt. Die Zellen sind 2 bis 8 μ, meistens 7 μ lang und 2 bis 3 μ breit, also kleiner und besonders schmäler als die der Kulturhefen. In älteren Kulturen werden die Zellen noch schmäler und länger. Die Sprossung geht nur an den Enden der Zellen vor sich und die Tochterzellen klappen oft rechtwinklig um.

Diese Art ist eine Unterhefe; sie vergärt nicht Maltose und bildet auch keine Invertase, kann also auch nicht Saccharose vergären. In Dextrose gibt sie bis 4 Gew.% Alkohol.

Der ganze Entwicklungsgang dieser Hefe ist lückenlos von Hansen in der freien Natur verfolgt worden, da sie ihrer außergewöhnlichen Gestalt wegen mit Sicherheit unter dem Mikroskop zu erkennen ist. Die Spitzhefe findet sich häufig auf Trauben und Obst; sie überwintert in der Erde der Weinberge und Obstgärten. Sie ist besonders für die Weingärung von Interesse, weil sie mit den Trauben in den Most gelangt und als erster Gärungserreger hier auftritt.

---

[1]) Nach Emil Christian Hansen benannt; *apiculata* (lateinisch) zugespitzt, von *apex* die Spitze.

Willia (Saccharomyces) anomala[1]) ist eine sporenbildende Kahmhefe. Gleich am Anfang der Gärung bildet sich eine matte graue Haut. Die vegetativen Zellen sind oval bis wurstförmig; letztere finden sich besonders in älteren Kulturen.

Nach einiger Zeit tritt in der Haut und auch im Bodensatz Sporenbildung ein; 2 bis 4 Sporen finden sich in einer Zelle. Dieselben sind h u t - f ö r m i g, d. h. halbkugelig mit einer vorspringenden Leiste am Rande der Grundfläche. Ohne Leiste haben dieselben einen Durchmesser von 2 bis 3 μ.

Saccharomyces Joergensenii[2]) ist besonders dadurch bemerkenswert, daß er Dextrose und Saccharose aber nicht Maltose vergärt. Die rundlichen oder ovalen 2 bis 5,5 μ großen Zellen bilden meistens kurze Ketten. In der Regel entstehen 2 bis 3, seltener 4 kugelförmige stark lichtbrechende 1 bis 2,5 μ große Sporen. Diese Hefe wurde im amerikanischen Temperenzlerbier gefunden und erzeugt in Würze bis 0,89 Gew.% Alkohol.

Spalthefen oder Schizosaccharomyzeten[3]).

§ 96. Diese unterscheiden sich von den echten Sproßpilzen dadurch, daß ihre Vermehrung nicht durch Sprossung sondern durch Scheidewandbildung erfolgt. In der Mutterzelle tritt eine neue Wand auf, wodurch 2 Tochterzellen entstehen. Außerdem bilden sie Endosporen, und zwar 1 bis 8.

Schizosaccharomyces octosporus erhielt seinen Artnamen „achtsporig", weil meistens 8 Sporen auftreten. Dieselben entwickeln sich leichter auf festem Nährboden als auf dem Gipsblock. Die Zellen sind zylindrisch oder oval, 7 bis 13 μ lang und etwa 5 μ breit. Diese Art wurde auf kleinasiatischen Korinthen gefunden.

Schizosaccharomyces Pombe stammt aus dem „Pombe" genannten, durch natürliche Gärung entstehenden H i r s e b i e r der Neger Ost- und Mittelafrikas, welches etwa 2,4% Alkohol enthält. Die Zellen sind 5 bis 9 μ lang und 4 bis 9 μ breit. Es entstehen 1 bis 4 Sporen von etwa 4 μ Größe verhältnismäßig leicht im Bodensatz der Flüssigkeiten, sogar im hängenden Tropfen. Die Sporenbildung beginnt nach etwa 7 Tagen.

Unvollkommen bekannte Sproßpilze.

§ 97. Einige Gattungen von Pilzen vermehren sich ausschließlich durch Sprossung, während Sporenbildung bei ihnen noch nicht beobachtet worden ist. Da sie die meisten Beziehungen zu den Sproßpilzen haben, werden sie am besten diesen angeschlossen.

Kahmhefen, *Mycoderma*[4]).

§ 98. Sie sind ausgesprochen aerob und bringen oft in kurzer Zeit auf zuckerhaltigen Flüssigkeiten eine typische K a h m h a u t hervor, und zwar eine trockene matte gefaltete Decke. Den oft zu Sproßverbänden vereinigten Zellen haftet stets Luft an, und dies

---

[1]) Nach H e r m a n n W i l l, Prof. Dr., Direktor der wissenschaftlichen Station für Brauerei in München; *anomala* (lateinisch) abweichend, wegen der eigenartigen Gestalt der Sporen.

[2]) Nach A l f r e d J ö r g e n s e n, Direktor des gärungsphysiologischen Laboratoriums in Kopenhagen.

[3]) *Schizo* (griechisch) ich trenne, spalte.

[4]) *Mykos* (griechisch) Schleim, Pilz; *derma* (griechisch) Haut.

ist die Ursache, warum die Zellen an der Oberfläche der Flüssigkeiten bleiben, obwohl sie spezifisch schwerer sind als diese.

In Tröpfchenkulturen erkennt man die *Mycoderma*-Arten in der Regel an dem stärkeren Glanz der Zellen wegen der ihnen anhaftenden Lufthülle.

Für den Brauereibetrieb kommt besonders *M. cerevisiae*[1]) in Betracht, wahrscheinlich eine Sammelart. Die Zellen der Kahmhefen haben eine mehr oder minder rechteckige Gestalt und erreichen 8 bis 11 μ Länge bei etwa 5 μ Breite. Sie sind besonders daran zu erkennen, daß im Plasma 1 bis 3 lichtbrechende Körperchen, wahrscheinlich fettartiger Natur, auftreten. Diese werden daher auch als Ölkörperchen bezeichnet. Die Zellen treten bald einzeln auf, bald bilden sie Sproßverbände. Zusammenhängende Zellen grenzen meistens mit der ganzen Fläche aneinander; die gemeinschaftliche Wand rundet sich also nicht sehr rasch ab.

Kahmhefen kommen häufig in Brauereien vor, sind aber im allgemeinen ohne Bedeutung, da sie infolge des Luftbedürfnisses nicht Zeit und Gelegenheit finden, sich in großem Maßstabe zu entwickeln. Bei 50 bis 60° C gehen die Zellen zugrunde.

Kugelhefen, *Torula*[2]).

§ 99. Die Zellen sind meistens kugelig, bisweilen auch länglich und 2 bis 8 μ groß; sie enthalten in der Regel ein, seltener mehrere Ölkörperchen, die aber nicht immer direkt sichtbar sind. Einzelne Zellen sind oft sehr viel größer als die übrigen und werden als Riesenzellen bezeichnet.

Die Vermehrung findet nur durch Sprossung statt; Bildung von Endosporen ist nicht beobachtet worden.

Es sind zahlreiche Arten beschrieben und werden meistens mit Nummern bezeichnet.

In der Natur finden sie sich auf faulenden Früchten in Weinbergen und Obstgärten, aber auch sonst auf in Verwesung begriffenen Pflanzenteilen. Sie treten daher besonders häufig von Juli bis November auf und überwintern im Erdboden.

In den Brauereien kommen sie nicht selten vor, sind aber von keiner Bedeutung, da die meisten Arten nur Dextrose und Laevulose vergären und keine wesentlichen Krankheitserscheinungen hervorrufen. Sie bilden jedoch unter geeigneten Verhältnissen eine trockene weißliche dehnbare oder feste zum Teil auch knorpelige Haut.

Die sogenannten rosa und roten Hefen gehören hierher.

3. Spaltpilze oder Bakterien, Schizomyzeten[3]).

§ 100. Die Spaltpilze sind entweder einzellige Organismen oder zu Zellreihen bzw. Zellkörpern vereinigt. Die Größe der Bakterien schwankt sehr; die meisten für die Brauerei in Betracht kommenden Arten sind 1 bis 4 μ lang; sehr kleine Formen entziehen sich wahrscheinlich noch der direkten Beobachtung. Zum eingehenden Stu-

---

[1]) *Cerevisia* (lateinisch) das Bier.
[2]) *Torula* (lateinisch) Knötchen.
[3]) Von *schizo* (griechisch) ich spalte; *mycetes* (griechisch) Pilze.

dium der Bakterien sind deshalb starke Vergrößerungen notwendig; für die Untersuchung der kleinsten Formen und des feineren Baues der Bakterien bedarf man außer großer Erfahrung sehr guter Mikroskope sowie vieler optischer und technischer Hilfsmittel.

Das Protoplasma enthält Vakuolen und Granulationen. Fettröpfchen treten besonders bei älteren Zellen und in Dauersporen auf. Viele Arten sind imstande, Farbstoffe zu erzeugen, sie heißen chromogene[1]) Bakterien; ihre Kolonien erscheinen bei voller Entwicklung rot, gelb, blau, violett usw. gefärbt. Die Farbstoffe finden sich entweder im Plasma oder werden nach außen in Form von Körnchen abgeschieden.

Der Zellkern ist nicht leicht sichtbar und in vielen Fällen, entsprechend der Kleinheit der Zellen, überhaupt schwer zu beobachten.

Die Zellwand ist in der Regel dünn und enthält meist Eiweißstoffe. Bei vielen Arten verschleimt die Zellwand; die betreffenden Zellen, Zellfäden usw. bilden dann eine Gallerte, bleiben leicht aneinander haften und bilden so entweder eine meist farblose zähschleimige oder lederartige Haut (§ 57) oder größere Klumpen, Zooglöen[2]) genannt.

Viele Bakterien besitzen eigene Bewegung. Dieselbe wird meist bedingt durch besondere Organe, Geißeln oder Zilien[3]), sehr zarte und daher nicht leicht sichtbare Fortsätze des Plasmas, welche die Zellwand durchsetzen. Anzahl und Verteilung der Geißeln sind bei den einzelnen Arten verschieden. Bald finden sich nur eine, bald mehrere an dem einen Ende, oder beide Enden tragen Geißeln; dieselben treten ferner an bestimmten Zonen oder an allen Teilen der Bakterienzelle auf. Die Eigenbewegung der Bakterien wird durch verschiedene Bedingungen gefördert oder gehemmt. Säuregehalt und Sauerstoffmangel können z. B. die Bewegung, das Schwärmen, aufheben.

§ 101. Die vegetative Vermehrung der Bakterien vollzieht sich durch Spaltung, d. h. Zweiteilung der Zellen (§ 58), weshalb diese Gruppe den Namen Spaltpilze oder Schizomyzeten führt. Die Teilung geschieht bei einigen Arten unter den günstigsten Lebensverhältnissen schon nach einer Viertelstunde, bei vielen nach einer Stunde. In letzterem Falle können sich aus einer einzigen Zelle in 24 Stunden über 16 Millionen Zellen entwickeln.

Zur Verbreitung der Bakterien dienen bei den meisten Arten, abgesehen von den vegetativen Zellen, ungeschlechtlich entstehende Endosporen (§ 58), welche in der Regel in der Einzahl, seltener zu zweien in einer Zelle auftreten. Ihre Entstehung hängt oft mit ungünstigen Lebensverhältnissen zusammen. Sie sind durch eine

---

[1]) *Chroma* (griechisch) Farbe; *gennao* (griechisch) ich erzeuge.
[2]) Von *zoon* (griechisch) Geschöpf, Lebewesen, und *gloios* (griechisch) klebrige Masse.
[3]) *Cilia* (lateinisch) Wimper, feines Haar.

dicke Wand und reichliche Reservenährstoffe, besonders Fettröpfchen und Glykogen, ausgezeichnet, zeigen also alle Eigenschaften der Dauersporen.

Die Endosporen vieler Arten halten Siedetemperatur einige Zeit aus (vgl. den Heupilz § 109) und können erst durch längere Einwirkung von 120° C oder sogar 150° C mit Sicherheit getötet werden. Ebenso vertragen sie hohe Kältegrade und starkes Eintrocknen. Auch gegen chemische Gifte sind sie sehr widerstandsfähig. Diese Sporen sind die wesentlichste Ursache, weshalb die Sterilisation oder Desinfektion in so weitgehendem Maße ausgeführt werden muß.

Die Spore wird nach voller Reife durch Verquellung und schließliche Auflösung der Mutterzellwand frei und bleibt sehr lange Zeit lebensfähig. Bei der Keimung der Spore wird ihre Wand gesprengt, und es entwickelt sich entweder eine mit Geißeln versehene Zelle, welche kürzere oder längere Zeit schwärmt, oder es geht sogleich die charakteristisch geformte Bakterienzelle aus der Spore hervor, die sich dann durch Zweiteilung vermehrt (vgl. § 109).

§ 102. Die Spaltpilze gedeihen im allgemeinen am besten auf neutralem oder schwach alkalischem Nährboden. Für künstliche Kulturen von Bakterien eignet sich besonders schwach alkalische Fleischsaftgelatine, Agar usw. (§ 62, 63).

Manche Arten verflüssigen durch Ausscheidung von Enzymen bestimmte Nährböden, andere nicht (§ 64).

Das Optimum der hier in Betracht kommenden Bakterien liegt für die Mehrzahl der Arten bei 33 bis 35° C, die untere Vegetationsgrenze bei 4 bis 6° C; beide sind also höher als bei den Hefepilzen. Durch die niedere Temperatur des Lagerkellers wird daher die Entwicklung von Bakterien möglichst zurückgehalten.

§ 103. Bakterien treten überall auf und oft in ungeheurer Anzahl. Manche Arten sind echte Parasiten und zum Teil Erreger der schwersten Krankheiten des Menschen. Derartige gesundheitsschädliche Bakterien können durch Bier nicht verbreitet werden (wie durch Milch, Wasser usw.), da sie in demselben nicht gedeihen. Der Kohlensäure- und Alkoholgehalt töten in kurzer Zeit die vorhandenen Zellen; Cholera- und Typhusbazillen sterben in frischem Lagerbier bei 10° C bereits nach 5 Minuten ab.

Die meisten Bakterien führen saprophytische Lebenweise (§ 30); sie leben entweder als Gärungserreger und oxydieren hauptsächlich Kohlenhydrate, oder sie sind Fäulnisbakterien und spalten stickstoffhaltige tierische und pflanzliche Substanzen unter Abscheidung übelriechender Gase. Als Stoffwechselprodukte treten bei manchen Bakterien Säuren sehr verschiedener Art auf; dieselben spielen ohne Zweifel eine Rolle als Waffe im Kampf ums Dasein zwischen den einzelnen Arten, von denen viele in sauren Nährböden nicht fortkommen.

Die den Rohmaterialien anhaftenden und etwa in der Maische sich entwickelnden Bakterien werden zum größten Teil durch das Kochen der Würze getötet. Späteres Hinzukommen von Bakterien läßt sich nicht vermeiden; sie erreichen aber in der Regel keine praktische Bedeutung, wenn alle Bedingungen eines guten Betriebes erfüllt werden. Die außerordentlich energischen Vorgänge bei der Hauptgärung lassen Bakterien auch kaum zu nennenswerter Entwicklung kommen. Günstigere Bedingungen finden sich bei der Nachgärung und besonders im Bier während des Transports. Der natürliche Säuregehalt des Bieres (0,15 bis 0,25%, berechnet als Milchsäure) bildet bis zu einem gewissen Grade einen wirksamen Schutz gegen Bakterien. In noch höherem Maße gilt dies für die dem Hopfen entstammenden Bitterstoffe. Daher ist die Zahl der im Brauereibetriebe unter normalen Verhältnissen wirkliche Schädigung herbeiführenden Bakterienarten verhältnismäßig gering. Hoher Alkoholgehalt (über 7%) hemmt ganz allgemein die Entwicklung von Bakterien.

Gelegenheit für Bakterieninfektionen bietet sich z. B. bei längerem Verweilen der Würze auf dem Kühlschiff, ferner im Gärkeller. Außerdem kommen Bakterien besonders leicht zur Entwicklung auf der Malztenne auf zerbrochenen oder nicht gekeimten Körnern. In der Maische können sie auftreten bei Temperaturen von 50° C abwärts. Hauptsächlich aber finden sie sich in Bier- und Würzeresten, in Leitungen, Apparaten usw., ferner in zu warmen Lagerkellern, in ruhender Hefe, besonders auf dem Transport, im Bier auf dem Transport usw.

Die Bierkrankheiten, welche durch Bakterien hervorgerufen werden, sind: unangenehmer Geruch und Geschmack, Trübung, Entfärbung, Säure- und Schleimbildung usw. Die wichtigsten werden in § 110 bis 114 behandelt.

Einteilung der Bakterien.

§ 104. Die Bakterienarten haben im allgemeinen eine charakteristische Gestalt. Auf der Form der Zellen beruht daher hauptsächlich die systematische Einteilung derselben. Nachfolgende Übersicht bringt die wichtigsten für den Brauereibetrieb in Betracht kommenden sowie einige allgemein interessierende Gattungen und Arten:

a) Kugelbakterien, *Coccaceae*.

§ 105. Zellen ungefähr kugelig. Teilung nach einer, zwei oder drei Richtungen des Raumes.

Micrococcus. Keine scharf ausgeprägten Wuchsformen; bald kurze Ketten, bald Häufchen, bald paarweise (Diplokokken) oder einzeln (Kokken), Zellen unbeweglich. — *M. Gonorrhoeae*, die Ursache des Trippers.

Pediococcus. Teilungswände kreuzweise in den beiden Richtungen der Ebene abwechselnd, die Zellen daher zu vieren (Tetraden) oder zu Täfelchen zusammengelagert. Keine Ketten. Meistens 0,9 bis 1,5 μ groß. Es gibt farblose, grünlich und gelbgefärbte Arten. — *P. cerevisiae* und andere sind die Ursache der Sarzina-Krankheit; die Pediokokken werden in der Praxis in der Regel als *Sarcina* bezeichnet (§ 110). *P. viscosus* bildet Schleim (§ 114).

Sarcina. Teilungswände in drei Richtungen des Raumes; so entstehen paketartige Wuchsformen von meist 8 Zellen (Oktaden). Außerdem auch Tetraden, Diplokokken oder einzelne Zellen. Es gibt farblose, rote, gelbe, orangefarbene Arten. — *S. maxima* kommt z. B. in Hefe vor.

b) Stäbchenbakterien, *Bacillaceae*.

§ 106. Zellen zylindrisch, ellipsoidisch, eiförmig oder verschiedenartig gewunden. Teilung senkrecht zur Längsachse, daher unverzweigte Ketten.

Bacterium (Kurzstäbchen). Unbeweglich, Stäbchen wenig länger als breit. Häufig mit Übergang zu der nächsten Gattung und zu den Kugelbakterien. — *B. aceti, Pasteurianum, Kuetzingianum* und andere sind die Erreger der Essigsäuregärung (§ 111). *B. lactis acidi* ist die Ursache der natürlichen Säuerung der Milch, *B. termo* ist ein Sammelname für zahlreiche fäulniserregende Arten, so daß daraus die Gattung *Termobacterium* gebildet wurde (§ 114). *B. prodigiosus*, 1 μ lange oft kokkenähnliche Stäbchen, auf feuchten kohlenhydrathaltigen Substanzen in Form von blutroten Flecken. *B. phosphoreum* verursacht das „Leuchten" des Fleisches toter Schlachttiere, Würste usw., eine in Schlachthäusern, Metzgerläden, Fleischaufbewahrungsräumen häufige Erscheinung. Sein Minimum liegt etwas unter 0 ⁰ C, das Optimum bei 16 bis 18⁰ C, das Maximum bei 28⁰ C; 30⁰ C wirken bereits tödlich. Diese Bakterien sind unschädlich für Menschen und auch das Fleisch leidet nicht. Das Leuchten von Seefischen wird von verwandten Arten hervorgerufen.

Bacillus (Langstäbchen). Zellen meist viel länger als breit, zylindrisch, beweglich. Geißeln über die ganze Zelle zerstreut. Form der Stäbchen bei der Sporenbildung unverändert. — *B. subtilis*, Heupilz (§ 109). *B. acidi lactici* und andere, die Erreger der Milchsäuregärung (§ 112). *B. viscosus* führt Schleimbildung herbei (§ 114). *B. butylicus* bedingt Alkoholgärung, und zwar bildet sich Butylalkohol. *B. tuberculosis, diphtheriae, typhi* usw. sind gefährliche Krankheitserreger.

Clostridium. Lange spindel- oder tonnenförmige Zellen. Eine Spore in der Mitte oder an einem Ende. Beweglich; Geißeln rund herum. — *C. butyricum* ist der wesentlichste Erreger der Buttersäuregärung (§ 113).

Vibrio. Stäbchen mit schwacher Krümmung. — *V. cholerae*, Kommabazillus, der Erreger der asiatischen Cholera.

Spirillum. Schraubig gebogene Zellen. — *S. volutans* ist eine der größten Bakterienarten; es bildet 30 bis 50 μ lange und 2 bis 2,5 μ dicke Schrauben mit 3 bis 5 Windungen und 10 bis 15 μ Höhe.

c) Fadenbakterien, *Trichobacteriaceae*.

§ 107. Verzweigte oder unverzweigte Zellfäden, deren Glieder sich als Schwärmzellen (§ 84) ablösen.

Crenothrix. Unverzweigte von einer Scheide umschlossene Fäden, deren Glieder zu kugelförmigen Schwärmzellen werden. — *C. Kühniana*, Brunnenpest. Festsitzende leicht zerbrechende Fäden, die in solchen Massen in Brunnen und Wasserleitungen auftreten, daß die Röhren verstopft werden und das Wasser ungenießbar wird.

§ 108. Bei manchen Bakterienarten ist die Gestalt der Zellen nicht beständig. Außergewöhnliche Lebensbedingungen, z. B. hohe Temperaturen, eigenartige Ernährungsverhältnisse usw., bringen

Zellen von ganz abweichender Gestalt hervor, sogenannte Involutionsformen (vgl. § 111). In anderen Fällen ändert sich die
Zellform mit den Entwicklungsstadien, z. B. bei *Crenothrix*, oder
nach und nach können verschiedene Zellformen bei derselben Art
beobachtet werden wie beim Heupilz (§ 109).

Anderseits reichen oft wegen der Kleinheit der Bakterien die
Merkmale, welche die Gestalt und die sonstigen mit dem Mikroskop
wahrnehmbaren Eigenschaften der Zellen bieten, nicht aus zur
Unterscheidung der Arten, Unterarten, Rassen usw. Ebenso wie
bei den Hefepilzen sind sehr verschieden sich verhaltende Formen
äußerlich ähnlich, und es müssen daher vielfach auch die physiologischen Eigenschaften für die genauere Unterscheidung
der Bakterien in Betracht gezogen werden. Derartige Untersuchungen lassen sich aber nur an Reinkulturen ausführen, deren
Herstellung daher ebenfalls eine der ersten Aufgaben bei dem Stu-
dium von Spaltpilzen ist (vgl. § 115).

Von großer Wichtigkeit für die Unterscheidung der Arten
ist das Verhalten der Bakterienzellen gegen bestimmte Farbstoffe,
weshalb die Färbetechnik in der Bakteriologie eine besonders wichtige Rolle spielt.

Bei allen bakteriologischen Untersuchungen im Betriebe empfiehlt
es sich, den Präparaten vorsichtig etwas 10%ige Natron- oder
Kalilauge zuzusetzen. Dadurch werden Eiweißpartikelchen (Glutin-
körper), die bisweilen den Bakterien ähnlich sehen, gelöst und so
schützt man sich vor Täuschung. Gleichzeitig nehmen die Bakterien durch Aufquellung an Größe zu und treten meist auch schärfer
hervor, so daß sie dann leichter zu erkennen sind.

Der Heupilz, *Bacillus subtilis.*

§ 109. Ein Spaltpilz, der leicht und sicher zu beschaffen und zu
züchten ist, mehrere charakteristische Zellformen zeigt und ohne Mühe in
allen seinen Entwicklungsstadien beobachtet werden kann, ist der Heupilz.

Man übergießt Heu oder die Überreste desselben mit wenig kaltem
Wasser und läßt diesen Aufguß 4 Stunden in einem Wärmeschrank bei 36⁰ C
stehen. Die Flüssigkeit wird dann abgegossen und, wenn zu konzentriert,
mit sterilem Wasser verdünnt. Hierauf wird dieselbe in einem mit Watte
verschlossenen Kolben eine Stunde lang gekocht und dann bei 36⁰ aufbe-
bewahrt. Nach 1 bis 2 Tagen hat sich auf der Oberfläche der Flüssigkeit
eine zarte graue Kahmhaut des Heupilzes gebildet. Bei Zimmertemperatur
dauern alle diese Vorgänge etwas länger. Die Untersuchung einer kleinen
Menge dieser Kahmhaut zeigt bei starker Vergrößerung, daß dieselbe aus
langen parallel verlaufenden Ketten besteht, welche durch eine farblose
Gallerte zusammengehalten werden. Die Ketten setzen sich zusammen
aus zylindrischen Stäbchen, welche meist 2 bis 3mal länger als breit
sind und sich mit Chlorzinkjodlösung braungelb färben, wodurch sie auch
viel deutlicher werden. Bei mindestens tausendfacher Vergrößerung kann
man auch die Teilung der Stäbchen direkt verfolgen, welche bei günstigen
Ernährungs- und Temperaturverhältnissen in etwa einer halben Stunde
vor sich geht.

Bringt man eine Spur der Kahmhaut in einen hängenden Tropfen einer feuchten Kammer (§ 72), so tritt nach Erschöpfung der Nährstoffe im Verlaufe von 6 bis 8 Stunden Bildung von Endosporen ein, welche 1,7 bis 1,9 μ lang und 0,83 bis 0,94 μ breit sind, meist einzeln in der Mitte der Zelle liegen und durch ihre starke Lichtbrechung sehr auffallen. Nach einem Tage werden dieselben aus der Mutterzelle frei und sinken auf den Grund des hängenden Tropfens.

In frische Nährlösung gebracht, keimen die Sporen leicht auch bei Zimmertemperatur; das Vorteilhafteste ist, die Sporen 5 Minuten lang schwach zu kochen und dann langsam abzukühlen. So lassen sich die Anfänge der Keimung nach 2 bis 3 Stunden beobachten. Die Sporenwand öffnet sich seitlich, und ein 1 bis 2 μ langes Stäbchen entwickelt sich senkrecht zur Längsrichtung der Spore, in dieser mit seinem hinteren Ende stecken bleibend. Nach etwa 12 Stunden erfolgen die ersten Teilungen des Stäbchens.

In der Regel werden aus dem Keimstäbchen bald Schwärmer, welche vor der Kahmhautbildung die ganze Flüssigkeit erfüllen. Diese werden 1 bis 2 μ lang und sind vorwiegend von zwei aneinanderhängenden Stäbchen gebildet. Die Geißeln, welche erst nach umständlicher Behandlungsweise sichtbar gemacht werden können, sind bei dem Heupilz zahlreich und über die ganze Oberfläche des Stäbchens verteilt. Alsbald sammeln sich die Schwärmer an der Oberfläche an und kommen zur Ruhe. Aus ihnen entsteht dann die Kahmhaut, die wir zuerst kennen gelernt haben.

Der Heupilz ist überall sehr häufig, ohne jedoch eigentlichen Schaden anzurichten. Im Laboratorium tritt er z. B. auch auf Gipsblockkulturen auf.

Durch Bakterien verursachte Bierkrankheiten.

Sarzina-Krankheit.

§ 110. Als Ursache dieser durch eigenartigen scharfen Geschmack und Geruch ausgezeichneten, meist mit Trübung, oft auch mit Verfärbung und Schleimbildung (Fadenziehen) verbundenen Krankheit des Bieres und auch der Würze kommen weniger typische *Sarcina*-Arten als besonders verschiedene Pediokokken (§ 105) in Betracht. Mikroskopisch lassen sich diese nur sehr schwer unterscheiden; mit Sicherheit ist dies erst möglich durch ihr physiologisches Verhalten. Bei Reinkulturen verflüssigen einige Arten den Nährboden, z. B. Fleischsaftgelatine und auch Nähragar, andere tun dies nicht. Einige bilden eine Haut, andere nicht. Die wichtigsten Unterschiede bestehen in den verschiedenen Krankheitserscheinungen in Würze und Bier. Alle sind auch Säurebildner, und zwar, so weit bekannt, handelt es sich hier um Milchsäure. Man kennt keine Dauerzellen; die Zellen sterben bei etwa 60° C schon nach kurzer Zeit ab.

Infektionen können von außen her leicht erfolgen, da Pediokokken in der freien Natur sehr häufig sind, z. B. im Straßenschmutz und Mälzereistaub; Brutstätten für manche Arten sind auch Düngerhaufen, Pferdeharn usw. Am häufigsten dürfte die Infektion aber bei nicht genügender Reinlichkeit im Gärkeller selbst erfolgen, da sich hier vielfach Gelegenheit für die Entwicklung der Sarzinen bietet, wie in den Fugen des Fußbodens, den Unebenheiten der

Wände, der Außenseite der Bottiche usw. Auch durch die Schuh-
sohlen und Kleider der im Gärkeller arbeitenden Menschen können
die Keime verschleppt werden.

Biere aus schlecht verzuckerter Würze sind für die Sarzina-
Krankheit empfänglicher als solche aus normal verzuckerter. Kräftige Gärung im Lagerfaß begünstigt die Entwicklung der Sarzinen,
indem die Bakterien emporgerissen werden und so wieder mit der
Luft in Berührung kommen, wodurch ihre Schädlichkeit stärker
wird. Diese hängt auch ab von dem Alter der Zellen, von Temperaturverhältnissen, Zusammensetzung des Bieres usw. Dieselbe Art
kann sich also unter verschiedenen Bedingungen verschieden verhalten.

Stark gehopfte Biere sind im allgemeinen weniger der Sarzina-
Krankheit ausgesetzt als andere. Manche Heferassen sind wahrscheinlich imstande, Stoffe auszuscheiden, welche für Bakterien,
besonders für Pediokokken, schädlich sind.

Wenn die Pediokokken sehr zahlreich im Bier oder in der
Hefe vorhanden sind, so sind sie meist schon durch direkte mikroskopische Untersuchung festzustellen. Ist die Infektion aber nur
gering, so liefert ein Vaselineinschlußpräparat mit der Nährlösung
von Bettges und Heller gute Resultate (vgl. § 145). Vielfach,
wenn auch meist mit weniger Erfolg, wird ammoniakalisches Hefewasser zu solchen Kulturen verwendet. Ferner eignen sich Hefewasser-
gelatine, Biergelatine, Gelatine mit ungehopfter Würze usw. dazu.

Häufige und gefährliche Arten sind: *Pediococcus cerevisiae*, Trübung,
scharfer Geschmack und Geruch; ein schwacher Säurebildner. *P. perniciosus*,
Trübung, *P. damnosus*, Bodensatz, scharfer Geschmack und Geruch.

Essigsäuregärung.

§ 111. Von den verschiedenen Stoffen, welche durch die
Lebenstätigkeit der Bakterien entstehen, sind die Säuren von
besonderer Wichtigkeit für den Brauereibetrieb, und zwar kommen
hauptsächlich Essig-, Milch- und Buttersäure in Betracht.

Die Essigsäuregärung ist ein Oxydationsprozeß, der ebenso
wie die durch die Hefe bedingte Alkoholgärung durch ein Enzym
verursacht wird. Mit Hilfe des Sauerstoffs der Luft wird der Alkohol
zunächst zu Aldehyd und Wasser umgewandelt, etwa nach der Formel:

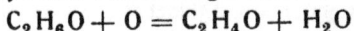

$$C_2H_6O + O = C_2H_4O + H_2O$$

und dann das Aldehyd zu Essigsäure:

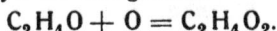

$$C_2H_4O + O = C_2H_4O_2.$$

Wenn dieser Vorgang nicht unterbrochen wird, setzt sich die Oxydation fort, und die Essigsäure wird in Kohlensäure und Wasser
verwandelt:

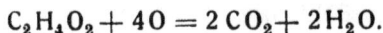

$$C_2H_4O_2 + 4O = 2CO_2 + 2H_2O.$$

So erklärt es sich, daß der Essigsäuregehalt einer infizierten Flüssigkeit für eine Reihe von Tagen zunimmt, dann aber nach und nach
bis fast auf Null sinkt.

Infektionen mit essigbildenden Bakterien können zunächst auf dem Kühlschiff erfolgen, sind aber ohne Bedeutung, da sie hier keinen Alkohol vorfinden, den sie oxydieren können. Während der Hauptgärung finden die Essigbakterien auch keine günstigen Lebensbedingungen, einmal wegen der stürmischen Vorgänge bei der Gärung und dann, weil durch die starke Kohlensäureentwicklung der Sauerstoff der Luft abgehalten wird, denn sie sind ausgesprochen aerob. Erst im Lagerfaß und besonders im fertigen Bier können sie sich reichlich entwickeln.

Die Essigbakterien sind sehr widerstandsfähig; in Lagerbier können sie sich 7 bis 10 Jahre, in trockenem Zustand 5 bis 10 Monate lebend erhalten.

Der Nachweis der Essigsäure erfolgt am besten durch den Geruchssinn. Geringe Mengen, welche von unseren Nerven noch nicht wahrgenommen werden können, werden durch Essigfliegen angezeigt, welche herbeikommen, um ihre Eier in der betreffenden Flüssigkeit abzulegen.

Die Unterscheidung der zahlreichen Essigbakterien ist schwierig. Die wichtigsten Arten sind:

Bacterium aceti[1]). Eine auf Bier bei 34⁰ C, dem Optimum, meist schon nach 24 Stunden erscheinende schleimige Haut, bestehend aus Ketten von Kurzstäbchen. Der Schleim der Zellwand färbt sich mit Jod und Jodjodkalium gelb. Bei etwa 40⁰ C kommen bei dieser wie bei den folgenden Arten Involutionsformen (§ 108) in Gestalt bis zu $500\,\mu$ langer dünner stellenweise blasig aufgetriebener Fäden vor. Maximum 42⁰ C; die untere Vegetationsgrenze liegt bei 4 bis 5⁰ C. Sporen finden sich sowohl in der Luft wie im Wasser. Keine Trübung des Bieres. Auf festem Nährboden, z. B. Würzegelatine, entstehen in 18 Tagen bei 25⁰ C Kolonien, die flach ausgebreitet, rundzackig und rosettenförmig sind.

B. Pasteurianum. Es unterscheidet sich von dem vorigen zunächst durch größere und besonders dickere Zellen. Mit Jod und Jodjodkalium färbt sich der Schleim der Zellwand blau. Untere Vegetationsgrenze 5 bis 6⁰ C. Keine Trübung. Die auf Würzegelatine entstehenden Kolonien sind schwach gewölbt, ganzrandig und faltig.

B. Kuetzingianum[2]). Kurzstäbchen meistens zu zweien, oft knieförmig gebogen oder einzeln, seltener in Ketten. Jod und Jodjodkalium färben den Schleim der Zellwand blau. Minimum 6 bis 7⁰ C. Die Kolonien auf Würzegelatine sind schwach gewölbt und faltenfrei. Dieser Spaltpilz ist der energischste Essigbildner und findet sich wie die vorige Art besonders in obergärigen Bieren.

Milchsäuregärung.

§ 112. Milchsäuregärung kann ein Umschlagen des Bieres herbeiführen, indem dasselbe nach und nach trüber wird und einen unangenehmen Geruch bekommt. Erst ein Alkoholgehalt von 7% schützt gegen diese Bakterien.

---

[1]) *Acetum* (lateinisch) Essig.
[2]) Nach Fr. P. Kützing, verdienstvoller Erforscher der niedern Pflanzen. Geboren 1807, gestorben 1893.

Die Milchsäure entsteht besonders aus Zuckerarten z. B.:

$$C_{12} H_{22} O_{11} + H_2 O = 4 C_3 H_6 O_3;$$

bei Monosacchariden vielleicht auch nach der Formel:

$$C_6 H_{12} O_6 = 2 C_3 H_6 O_3.$$

In einer mit etwas Wasser übergossenen Probe von Malz- öder Roggenschrot, die bei 50° C gehalten wird, stellt sich in der Regel sehr bald eine reine Milchsäuregärung ein (vgl. auch § 113).

Die häufigsten und wichtigsten hier in Betracht kommenden Arten ge- hören zu der Gattung *Bacillus*.

Buttersäuregärung.

§ 113. Buttersäure kann durch die Tätigkeit von bestimmten Bakterien direkt aus Maltose und Dextrose oder aus Milchsäure entstehen, indirekt aus Stärke usw. mit Hilfe anderer Bakterien. Dextrose wird in Buttersäure, Kohlensäure und Wasserstoff zerlegt, etwa nach der Formel:

$$C_6 H_{12} O_6 = C_4 H_8 O_2 + 2 CO_2 + 4 H.$$

Diese Bakterien sind ausgesprochen anaerob. Sie stellen sich besonders leicht ein in Maische, die längere Zeit bei etwa 40° C bleibt. Keime in Form von Sporen finden sich überall in der Luft, in Erde, Kot, Wasser usw., haften auch den frischen Schalen von Gerste und Weizen, den Samenschalen der Hülsenfrüchte usw. an.

Besonders schädlich können Buttersäurebakterien der Maische in den Brennereien werden, wo man sie deshalb durch Milchsäure- bakterien bekämpft.

Man erhält mit großer Sicherheit Buttersäuregärung, wenn man Malzschrot oder auch ganze Erbsen mit der vierfachen Menge von Wasser übergießt und einen Tag bei 40° C stehen läßt.

Die häufigste Art der Buttersäurebakterien ist *Clostridium butyricum*, dessen spindel- oder tonnenförmige Stäbchen 3—6 μ lang, 1,2 μ dick und rund herum mit Geißeln bedeckt sind. In der Mitte oder an einem Ende findet sich eine 2 μ lange und 1 μ dicke Spore.

Schleimbildung, Trübung usw.

§ 114. Schleimbildung (Fadenziehen oder Langwerden) von Bier oder Würze beruht, abgesehen von Schimmelpilzen (§ 82), auf der Tätigkeit von Spaltpilzen, deren Zellwände sehr stark auf- gequollen sind. Diese Krankheit ist besonders für obergärige schwach gehopfte Biere gefährlich.

Hier in Betracht kommende Arten sind: *Pediococcus viscosus*[1]), welcher besonders im Berliner Weißbier vorkommt. Brutstätten dieser Art sind Düngerhaufen und Pferdeharnpfützen. *Bacillus viscosus*, 2,5 μ lang und bis 0,8 μ breit, oft zu Ketten vereinigte Stäbchen. Die Infektion kann durch Wasser erfolgen.

Biertrübungen können außer durch *Pediococcus* auch durch verschiedene andere Bakterien herbeigeführt werden.

---

[1]) *Viscosus* (lateinisch) schleimig.

Termobacterium-Arten (§ 106), welche besonders auf dem Kühl-schiff in die Würze gelangen, können sich in dieser sehr stark ver-mehren, wenn sie lange ohne Hefe bleibt; schließlich kann sogar die Entwicklung der Hefe und die Gärung hindernd durch solche Spaltpilze beeinflußt werden.

Eine durch Bakterien herbeigeführte Krankheit tritt an den Wurzeln des Grünmalzes auf und bringt diese zum Absterben. Es ist eine dem *Bacterium coli* nahestehende Art (vgl. Schnegg, Zeit-schrift für das gesamte Brauwesen, 1907, S. 589).

V. Reinkultur der Pilze.

§ 115. Wie wir in § 60 kennen gelernt haben, ist für das Stu-dium eines Pilzes die Reinkultur desselben unbedingt notwendig. Dort wurden auch kurz die beiden Möglichkeiten, die physiolo-gische und die mechanische Methode, angeführt. Reinkulturen haben aber nicht nur für wissenschaftliche Zwecke große Bedeutung sondern auch für das praktische Leben, ganz besonders für den Brauereibetrieb. Auf solche Weise gezüchtete Hefe, sogenannte Reinhefe, bietet die Vorteile, einerseits, daß zur Zeit der Einfüh-rung in den Betrieb keine anderen schädlichen Mikroorganismen sich darin finden, anderseits, daß man mit Sicherheit eine bestimmte und stets die gleiche Rasse verwenden kann, deren Eigenschaften und Behandlungsweise man genau kennt bzw. in kurzer Zeit kennen lernen wird.

1. Herstellung einer Reinkultur.

Allgemeines.

§ 116. Bei der physiologischen Methode oder natür-lichen Reinzucht werden die Lebensbedingungen so weit als möglich der rein zu züchtenden Art angepaßt. Man wird also die Nährstoffe so darbieten, wie sie das Wachstum des betreffenden Pilzes am meisten begünstigen, ferner auch die ihm zusagenden Verhältnisse in bezug auf chemische Reaktion und Konsistenz des Nährbodens schaffen. Schwach saurer Nährboden ist für die Ent-wicklung von Schimmelpilzen günstig, neutrale oder schwach al-kalische Reaktion für die meisten Bakterien.

Die Kulturen werden, so weit es angeht, entweder bei dem Optimum gehalten oder doch bei einer Temperatur, die für die betreffenden Arten günstig ist, anderen gleichzeitig auftretenden oder leicht hinzukommenden Arten aber nicht zusagt. Ferner muß die Luftzufuhr nach Bedürfnis geregelt werden.

Solche Methoden, die besonders von Pasteur bei seinen Ar-beiten angewandt wurden und damals die einzige Möglichkeit dar-boten, um Mikroorganismen zu studieren, geben aber keine Möglichkeit, daß die rein zu züchtende Art **allein** in der Kultur vorhanden ist. Denn Pilze, welche dieselben oder sehr ähnliche Lebensbedingungen haben, wie verschiedene Rassen der Kulturhefen, können auf diese Weise nur sehr schwer oder gar nicht voneinander getrennt werden.

Einen charakteristischen Fall von physiologischer Reinzucht haben wir schon bei *Bacillus subtilis*, dem Heupilz (§ 109), kennen gelernt. Durch das Kochen des Heuaufgusses sind alle anderen Keime getötet worden, und nur die dieser Temperatur widerstehenden Endosporen des Heupilzes sind übrig geblieben.

Ein anderer Fall von physiologischer Reinzucht tritt z. B. bei Maische, welche bei verschiedenenen Temperaturen gehalten wird, auf. In einer Mischung von 2 Teilen Roggenschrot und 1 Teil Malzschrot mit 12 Teilen Wasser entwickeln sich bei Zimmertemperatur die verschiedensten Arten von Bakterien. Bei 40° C gewinnen diejenigen Arten, welche die Buttersäuregärung (§ 113), bei 50° C dagegen die Erreger der Milchsäure (§ 112) die Oberhand. Kocht man die Maische kurze Zeit, so kommen nicht mehr die beiden Säuregärungserreger zur Entwicklung sondern der Heupilz.

Wie schon erwähnt ist die Vermehrung der Hefe in der Würze im Gärbottich eine Reinkultur nach physiologischer Methode. Man tut alles, um die Entwicklung der Kulturhefe zu begünstigen und die von Krankheitshefen, Bakterien usw. zurückzuhalten. Ähnliche Verhältnisse haben wir im Lagerkeller, wo durch die niederen Temperaturen der Entwicklung von Bakterien entgegengearbeitet wird. Die wilden Hefen aber werden dadurch nicht zurückgehalten, weil ihr Minimum ebenso tief wie das der Kulturhefe liegt.

Da in den Gärbottichen jedoch sich vielfach Gelegenheit zu Infektionen[1]), d. h. zu Verunreinigungen durch fremde Keime aus der Luft usw., bietet, so bleiben solche Kulturen nicht lange rein.

Wenn man die Lebensbedingungen der rein zu züchtenden Organismen genau kennt, wie bei der Hefe, pflegen die Reinkulturen nach physiologischer Methode gute Erfolge zu haben. Schwieriger und zweifelhafter in bezug auf das Gelingen sind dagegen diejenigen Fälle, in denen man nicht genau weiß, welche Pilze man vor sich hat, oder bei Arten, deren Lebensverhältnisse nicht genügend bekannt sind. In solchen Fällen können nur zahlreiche und vielfach abgeänderte Versuche zum Ziele führen.

§ 117. Vollkommene Sicherheit, daß alle Individuen einer Kultur zu derselben Art oder zu derselben Rasse einer Art gehören, also unter sich gleichwertig sind, hat man nur dann, wenn sie Nachkommen einer einzigen Zelle sind. Es kommt also darauf an, die untereinander gemischt lebenden Mikroorganismen zu trennen und ein Individuum, meistens also nur eine Zelle, abzusondern (zu isolieren) und rein weiter zu züchten.

Dies wird durch die mechanischen Methoden der Reinzucht erreicht, von denen im Laufe der Zeit verschiedene eingeführt worden sind. Wir werden hier hauptsächlich diejenigen kennen lernen, welche für die Reinzucht der Hefe und für die biologischen Untersuchungen bei der Betriebskontrolle in Betracht kommen.

[1]) Von *inficere* (lateinisch) hineintun, verderben.

Reinkultur durch Verdünnung.

§ 118. Der erste Weg, der eingeschlagen wurde, um eine einzige als Ausgang für eine Reinkultur dienende Zelle zu isolieren, war der durch Verdünnung der keimhaltigen Flüssigkeit. Diese Methode wurde 1878 von Lister eingeführt und von verschiedenen anderen Forschern für die besonderen Fälle vervollkommnet.

Die Verdünnung besteht darin, daß einem geringen Teil der Flüssigkeit, welche die Pilzkeime enthält, steriles Wasser oder sterile Würze zugesetzt wird (§ 72). Für den vorliegenden Zweck wird so lange verdünnt, bis ungefähr in jedem zweiten Tropfen **ein** Keim enthalten ist, was durch mikroskopische Untersuchung festgestellt werden muß.

Von dieser Verdünnung überträgt man dann je einen Tropfen auf eine größere Anzahl von Kulturgefäßen mit steriler Nährflüssigkeit. Zeigt sich nach einigen Tagen nur in einem Teile, etwa der Hälfte der Kulturgefäße, eine Entwicklung von Pilzen, so kann man annehmen, daß in jedes dieser Gefäße nur ein Keim gelangt ist.

Hansen hat 1881 dieses Verfahren für die Hefe dadurch verbessert, daß nach der Impfung das Kulturgefäß kräftig geschüttelt wird. Dann stellt man es ruhig hin; die Hefezellen sinken zu Boden und lagern sich der Wand des Glasgefäßes an. Sind mehrere Zellen in das Gefäß gelangt, so werden sie wohl in den allermeisten Fällen voneinander getrennt liegen. Nach 3 bis 4 Tagen erkennt man dann schon mit bloßem Auge einen oder mehrere weiße Flecke; es sind dieses die sich entwickelnden Kolonien der Hefe. Wenn nur ein Fleck vorhanden ist, gelangte wahrscheinlich nur eine Zelle in das Gefäß, und wir haben es dann mit einer Reinkultur zu tun. Auf diese Art und Weise stellte Hansen seine ersten Reinhefen im Karlsberg-Laboratorium her und führte dieselben im November 1883 im Betriebe ein.

Reinkultur durch Abimpfen von einer Gelatineplatte.

§ 119. Als Ausgangspunkt für Reinkulturen kann auch eine Gelatineplatte dienen (§ 72). In diesem Falle kommt es ganz besonders darauf an, daß die auszusäenden Keime möglichst isoliert werden, was durch kräftiges Schütteln oder Umrühren der keimhaltigen Flüssigkeit erreicht werden kann. Ferner muß dieselbe soweit verdünnt werden, daß nur wenige Keime auf eine Platte kommen, damit die sich einwickelnden Kolonien nicht zu nahe beieinander liegen. Bei verhältnismäßig großen Pilzkeimen (vielen Schimmelpilze und Hefen) kann man unter dem Mikroskop die Entwicklung der Keime bei schwacher Vergrößerung verfolgen und dabei auch kontrollieren, ob die Kolonie von einer oder von mehreren Zellen ausgeht. Geeignete Kolonien werden auf der Außenseite der Petri-Schale mit Fettstift markiert.

Von der günstigsten Kolonie wird dann, sobald sie mit bloßem Auge zu erkennen ist, im Arbeitskasten vermittelst einer Nadel oder

Platinöse eine Spur in ein Kölbchen mit steriler Würze übergeimpft. In den meisten Fällen wird auf diese Art und Weise eine Reinkultur zustande kommen, welche von einer Zelle abstammt; volle Sicherheit hat man hiefür jedoch nicht.

Reinkultur der Hefe nach Hansen.

§ 120. Im Gegensatz zu den bisher beschriebenen Methoden, welche eine sichere Kontrolle unter dem Mikroskop, besonders bei stärkerer Vergrößerung nicht zulassen, ist dies möglich bei der 1886 von Hansen eingeführten Methode für die Reinzucht der Hefe. Diese Kulturmethode besteht in einer Adhäsionskultur unter einem gefelderten Deckglase, das auf den oberen Rand des Glasringes einer feuchten Kammer (§ 72, Fig. 23) gekittet ist.

Auf ein rundes Deckglas von etwa 30 mm Durchmesser (Fig. 27) sind 16 Quadrate eingeätzt. In jedem derselben findet sich eine Zahl, welche es möglichst ausfüllen soll. Daher vermeidet man Zahlen mit einfachen Schriftzeichen (wie 1, 7 usw.); am vorteilhaftesten sind zweistellige Zahlen.

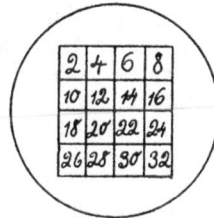

Fig. 27.
Gefeldertes Deckglas.

Ein gefeldertes Deckglas wird in folgender Weise hergestellt: Man schmilzt Wachs in einer Porzellanschale und taucht das Deckglas mit der Pinzette kurze Zeit hinein. Die Wachsschicht muß dünn und gleichmäßig verteilt sein und dem Glase überall unmittelbar anliegen. Hierauf werden mit einem Lineal und einer spitzen Nadel 16 Quadrate gezogen und mit der Nadel die Zahlen eingeschrieben; dabei muß man stets bis auf das Glas kommen. Nun taucht man das so vorbereitete Deckglas vermittelst einer Pinzette einige Sekunden in Flußsäure, die sich in einer Platinschale oder in einer mit Wachs überzogenen Porzellanschale befindet. Flußsäure ist eine stark ätzende Flüssigkeit und erfordert daher entsprechende Vorsicht. Zum Schluß wird das Deckglas mit warmem Wasser abgewaschen und mit Alkohol oder Äther gereinigt. Dann kittet man dasselbe mit Fischleim auf den Glasring.

Zunächst bringt man eine geringe Menge der verdünnten Nährflüssigkeit mit der Hefe, welche als Ausgang für die Reinkultur dienen soll, vermittelst eines sterilen Glasstabes auf die Unterseite des Deckglases. Unter dem Mikroskop überzeugt man sich, daß die Verdünnung richtig ist, da sich im ganzen etwa 50 Zellen oder noch weniger unter dem Deckglase befinden sollen. Die einzelnen Zellen müssen auch genügend weit voneinander entfernt liegen, damit sie sich bei ihrer späteren Vermehrung nicht sogleich berühren und die sich entwickelnden Kolonien auch mit bloßem Auge zu unterscheiden sind. Sind zu viele oder zu wenig Hefezellen vorhanden oder liegen sie nicht günstig, so muß eine neue Kultur hergestellt werden.

Wenn alles in Ordnung ist, bestreicht man den unteren Rand des Glasringes mit Vaselin und setzt ihn in die Mitte eines entsprechend großen Objektträgers, in dessen Mitte man vorher einen Tropfen sterilen Wassers gebracht hat. Um den störenden optischen Einfluß des Wassertropfens zu vermeiden, kann man denselben auch erst nach dem Markieren der Zellen hinzufügen.

Diese Arbeiten sind, wie immer, in dem sorgfältig gereinigten und gründlich desinfizierten Arbeitskasten vorzunehmen. Alle Gebrauchsgegenstände werden entweder flambiert oder müssen, wie die Nährböden, vorher in der in § 68 angegebenen Weise sterilisiert worden sein.

Während aller dieser Arbeiten, wie bei der Handhabung von Reinkulturen überhaupt, muß man die äußersten Vorsichtsmaßregeln anwenden, um Verunreinigungen der Kulturen möglichst abzuwenden. Türen und Fenster des Arbeitsraumes sind zu schließen, jede starke Luftbewegung nach Möglichkeit zu vermeiden. Der Arbeitende soll sich jedesmal mit Seife und Bürste die Hände und Unterarme gründlich waschen, nachdem die Ärmel genügend hoch gestreift worden sind. Ehe man die Arbeiten beginnt, warte man erst einige Minuten vor dem Arbeitskasten, um auch in dessen unmittelbarer Umgebung nicht ein durch starke Luftbewegung verursachtes Emporwirbeln von Staubteilchen und Pilzkeimen herbeizuführen.

Bei etwa 100 facher Vergrößerung sucht man dann die einzelnen Hefezellen auf und markiert sie auf einem großen Stück Papier, das ebenso wie das Deckglas die 16 Quadrate mit den entsprechenden Nummern trägt. Günstig, d. h. gut abgesondert liegende Hefezellen, welche also später leicht und sicher abzuimpfen sind, werden möglichst genau auf dem Papier an der betreffenden Stelle, an der sie sich auf dem gefelderten Deckglase befinden, eingetragen, was mit Hilfe der Zahlen bei einiger Übung gut gelingt. Man muß aber volle Sicherheit darüber haben, daß an jeder markierten Stelle tatsächlich nur eine einzige Zelle sich befindet, was genau unter dem Mikroskop festgestellt werden muß. Wenn nötig, nimmt man stärkere Vergrößerung zu Hilfe, läßt es aber nicht an Vorsicht fehlen, damit das Deckglas nicht zerdrückt wird.

Es ist nötig, das Markieren der Hefezellen bald nach der Herstellung der feuchten Kammer auszuführen, weil sie nach einigen Stunden zu sprossen beginnen und man dann nicht mehr entscheiden kann, ob wirklich nur eine Zelle vorliegt.

Unter dem Mikroskop verfolgt man nun die Entwicklung der markierten Zellen und bezeichnet auf dem Papier noch in besonderer Weise diejenigen Kolonien, welche am günstigsten liegen. Diese sind bei Zimmertemperatur in etwa 3 Tagen so groß geworden, daß man sie bei einiger Übung mit bloßem Auge erkennen kann.

Jetzt schreitet man zum Überimpfen. Dies geschieht vermittelst eines etwa 1 cm langen dünnen Blumendrahtes, der keimfrei gemacht worden ist und in einem Uhrglase im Arbeitskasten bereit liegen muß. Man nimmt nun den Glasring mit dem Deckglase vom Objektträger und hebt vorsichtig mit einem solchen vermittelst einer Pinzette gehaltenen Stückchen Draht eine der markierten Kolonien ab und wirft das Drahtstückchen in einen Pasteur-Kolben mit steriler Würze. Dieser wird erst unmittelbar vorher geöffnet und sogleich wieder verschlossen, um Verunreinigungen zu vermeiden. Für Laboratoriumszwecke kann man auch Freudenreich-Kölbchen verwenden.

Anfangs ist es vorteilhaft, sich durch Beobachtung unter dem Mikroskop davon zu überzeugen, daß man tatsächlich die gewünschte markierte Kolonie mit dem Draht abgehoben hat, die übergeimpften Zellen also von dieser Kolonie abstammen, was man daran feststellt, daß die betreffende Kolonie zerstört ist.

Ist alles richtig und sorgfältig ausgeführt, so kommt eine Reinkultur zustande, welche von e i n e r e i n z i g e n Z e l l e abstammt.

Reinkultur durch Abimpfen einer Tröpfchenkultur.

§ 121. Als Ausgangspunkt für eine Reinzucht von Hefe kann auch eine Tröpfchenkultur dienen (§ 72). Man verdünnt die die Hefe enthaltende Würze so weit, daß in jedem Tröpfchen oder auch in jedem zweiten Tröpfchen sich möglichst nur eine Hefezelle befindet. Die Tröpfchen werden nicht zu nahe aneinander, also in geringer Anzahl (etwa 12 bis 15) auf ein gewöhnliches Deckglas aufgetragen. Bei schwacher Vergrößerung markiert man dann entweder auf dessen Oberseite mit Tusche oder auf einer schematischen Zeichnung des Präparates mit Tinte diejenigen Tröpfchen, welche sicher nur e i n e Hefezelle enthalten. Alles übrige ist auf die in § 120 beschriebene Weise auszuführen.

Falls kein Tröpfchen vorhanden ist, das nur eine Hefezelle enthält, die Verdünnung also nicht genügend war, so ist nach entsprechender Verdünnung eine neue Tröpfchenkultur anzulegen.

2. Herstellung einer Reinkultur aus Betriebshefe.

§ 122. Wenn eine Hefe des Betriebes vollkommen in ihren Leistungen befriedigt, so sucht man aus derselben die vorherrschende, den Charakter der Betriebshefe bestimmende Rasse rein zu züchten, um sich so die guten Eigenschaften dieser Hefe dauernd zu erhalten. Die gewöhnliche Betriebshefe ist meist ein Gemisch von mehreren, vielleicht sogar vielen Rassen, in denen aber eine die vorherrschende ist. Die wichtigste Aufgabe besteht nun darin, die zurzeit vorherrschende und gut bewährte Rasse zu isolieren.

In diesem Falle empfiehlt es sich, bei Unterhefe die Proben für die Reinkulturen den ersten Stadien der Hauptgärung zu entnehmen, etwa am 3. Tage, und zwar aus den oberen Schichten des Gärbottichs nach Entfernung der Kräusen. Zu dieser Zeit wird die Kulturhefe in kräftigster Vermehrung sein, während später, besonders am Ende der Hauptgärung, wilde Hefen auftreten können. Außerdem kann man auch die betreffenden Proben der mittleren Schicht des Bodensatzes nach vollendeter Gärung und Entfernung des Bieres entnehmen.

Es darf die Probe nicht an einer Stelle genommen werden, sondern es sind zahlreiche kleine, an verschiedenen Stellen genommene Proben zu mischen, damit man möglichst viele Zellen von der im Betrieb vorherrschenden Heferasse bekommt. Die Proben werden in sterile Fläschchen gefüllt oder in steriles Fließpapier verpackt.

Die Herstellung der Reinkultur erfolgt nach der in § 120 beschriebenen Hansenschen Methode. Jedoch stellt man in solchem Falle mehrere feuchte Kammern her und markiert 30 bis 40 geeignete Zellen, welche dann in 25 Pasteur-Kolben von $^1/_8$ l abgeimpft werden. Auf diese Art kommen in den Pasteur-Kolben Reinkulturen zustande, und es fragt sich jetzt nur, welche derselben der vorherrschenden Rasse der Betriebshefe angehören; wahrscheinlich die Mehrzahl der Kolben.

Durch Gärversuche im Laboratorium ist diese Frage nicht zu entscheiden, da die Bedingungen, unter denen sich die Gärung vollzieht, hier wesentlich andere sind als die in den offenen Gärbottichen im Keller. Man kann sich daher über diese Frage nur durch eingehende mikroskopische Untersuchungen, die allerdings sehr umständlicher und zeitraubender Art sind, Gewißheit verschaffen.

Nachdem in den ersten 25 Kolben, welche nummeriert[1]) worden sind, die Gärung bei Zimmertemperatur beendet ist, werden neue 25 Kolben, welche die entsprechenden Nummern tragen, geimpft. Die zurückbleibende Hefe der ersten Kolbenreihe wird mikroskopisch untersucht, und nach den allgemeinen Merkmalen der Zellen werden die Kolben gruppiert. Die Mehrzahl dürfte gleiche Merkmale zeigen.

Wenn die Gärung der zweiten Kolbenreihe sich ebenfalls bei Zimmertemperatur vollzogen hat, wird eine dritte Kolbenreihe angestellt und bei 25° C gehalten. Die Bodensatzhefe der zweiten Gärung wird ebenso mikroskopisch untersucht und alles sorgfältig notiert.

Von der dritten Kolbenreihe wird dann, nachdem dieselbe 24 Stunden bei 25° C gestanden und sich genügend Hefe gebildet hat, eine vierte Kolbenreihe geimpft. Die Bodensatzhefe dient dazu, von jedem Kolben 2 Gipsblockkulturen (§ 85) zu machen, von denen eine bei 25° C, die andere bei 15° C gehalten wird.

Von diesen Gipsblockkulturen verfertigt man täglich Präparate, gruppiert die in bezug auf Zeit der Sporenbildung, Aussehen der Sporen usw. sich völlig gleichartig verhaltenden Kolben und vergleicht dann die hier erhaltenenen Resultate mit denen der früheren Untersuchungen.

Von der vierten Kolbenreihe nimmt man dann einen der Kolben, die nach allen vorhergehenden Untersuchungen völlig übereinstimmende Resultate ergaben. Diese Kultur ist sicher eine Reinkultur, und zwar der in der Betriebshefe vorherrschenden Rasse.

---

[1]) Entweder klebt man Papieretiketten auf oder man schreibt mit einem Fettstift direkt auf dem Glase.

3. Arbeiten mit Reinkulturen.

§ 123. Hiefür gelten, wie für das Arbeiten mit Pasteur-Kolben überhaupt, folgende Regeln:

Man beachte vor allen Dingen, daß, so oft man aus einem Pasteur-Kolben Flüssigkeit ausgießt oder den Kolben stark bewegt, das doppelt gebogene Rohr sich in der Flamme befinden und so stark erhitzt sein muß, daß die Flamme eben beginnt zu leuchten; dadurch wird die in den Kolben strömende Luft keimfrei.

Um von einem Pasteur-Kolben einen Teil des Inhalts in einen anderen Pasteur-Kolben keimfrei zu übertragen, sind zunächst die Impftuben der beiden Kolben durch den auf dem Tubus des einen Kolbens sitzenden Gummischlauch miteinander zu verbinden, so daß immer mindestens einer von beiden Kolben mit Schlauch und Stöpsel (Aluminium- oder Glasstöpsel) verschlossen sein muß. Der zweite Kolben kann auch, wie dies bei den kleinen zum Aufbewahren und zum Versand der Hefe dienenden Hansen-Kölbchen (vgl. Fig. 32) der Fall ist, mit einem Asbestpfropfen verschlossen sein. Die Verbindung der Kolben hat immer in der Flamme zu erfolgen, so daß niemals ein Tubus oder ein Schlauch auch nur einen Augenblick geöffnet bleibt, außer in der Flamme.

Beim Überimpfen der Hefe aus einem kleinen in einen großen Pasteur-Kolben flambiert man die beiden Kolben, stellt den kleinen Kolben mit dem Impftubus nach rechts vor sich hin, erhitzt das doppelt gebogene Rohr von oben nach unten fortschreitend gründlich, bis immer wieder die Flamme anfängt zu leuchten, d. h. bis das Rohr glüht. Hierauf zieht man den Stöpsel so weit vor, daß er eben noch im Schlauch sitzen bleibt, erfaßt den Kolben mit der linken Hand unten, nimmt den Brenner in die rechte Hand und erhitzt das doppelt gebogene Rohr bis zum Glühen (Fig. 28), zieht von dem geneigt gehaltenenen Kolben den Stöpsel weg, erhitzt das doppelt gebogene Rohr wieder bis zum schwachen Glühen und gießt die Flüssigkeit bis auf einen kleinen Rest in ein Becherglas.

Am Schluß, wenn die Flüssigkeit noch ausfließt, drückt man das Ende des Schlauches mit Daumen und Zeigefinger der rechten Hand fest zu, am besten, indem man dabei die Hand so dreht, daß die Handfläche nach außen gekehrt ist. Alsdann nimmt man den Stöpsel in die linke Hand, hält ihn längere Zeit in die Flamme und verschließt mit demselben den Schlauch, den man bis dahin mit den Fingern fest zugepreßt hielt. Hierauf erhitzt man wieder das doppelt gebogene Rohr und schüttelt, wenn es glüht, die Hefe in dem Kolben mit dem Würzerest auf. Alsdann zieht man, immer bei glühendem Rohr, den Schlauch bis zur Spitze des Tubus.

Nun stellt man den großen Kolben mit Würze so vor sich, daß der Tubus nach links gerichtet ist, hängt einen Quetschhahn auf den Tubus, flambiert wieder das doppelt gebogene Rohr von oben nach unten, zieht den Stöpsel fast ganz heraus und stellt dann die Flamme so, daß das Schlauchende bei geringem Heranziehen direkt

in die Flamme kommt. Hierauf nimmt man wieder ·den kleinen
Kolben mit der Hefe, erhitzt das doppelt gebogene Rohr, schüttelt
nochmals ein wenig durch, nimmt dann den Kolben in die linke
Hand, zieht **in** der Flamme den Schlauch weg, legt ihn auf den
Tisch, öffnet fast zu gleicher Zeit den Schlauch des Würzekolbens
in der Flamme und schiebt ihn, ebenfalls in der Flamme, über den

Fig. 28. Erhitzen des doppelt gebogenen Rohres eines Pasteur-Kolbens.

Tubus des Hefekolbens (Fig. 29). Ist der Tubus dabei zu heiß
geworden, so wartet man kurze Zeit. Dann nimmt man den kleinen
Kolben in die linke Hand, den Brenner in die rechte, flambiert den
Tubus des kleinen Kolbens und läßt eine geringe Menge der Hefe
aus dem kleinen in den großen Kolben überfließen.

Um nun wieder die Kolben auseinanderzunehmen, so daß beide
steril bleiben, schiebt man zunächst den am Tubus des großen Kolbens
hängenden Quetschhahn über den Schlauch, zieht den Schlauch
vom kleinen Kolben möglichst weit vor, rückt den Quetschhahn
möglichst nahe an den Tubus des kleinen Kolbens heran, nimmt dann
in der Flamme den kleinen Kolben weg und schließt ihn in der
Flamme mit seinem Schlauch, den man während des ganzen Vorganges vor sich auf dem Tisch liegen lassen kann. Hierauf quetscht

man den Schlauch des großen Kolbens unmittelbar unter dem Quetschhahn mit Daumen und Zeigefinger der rechten Hand fest zu und
schließt ihn mit dem flambierten Stöpsel; alsdann hält man das
doppelt gebogene Rohr des großen Kolbens in die Flamme und
schüttelt zwecks guter Durchmischung.

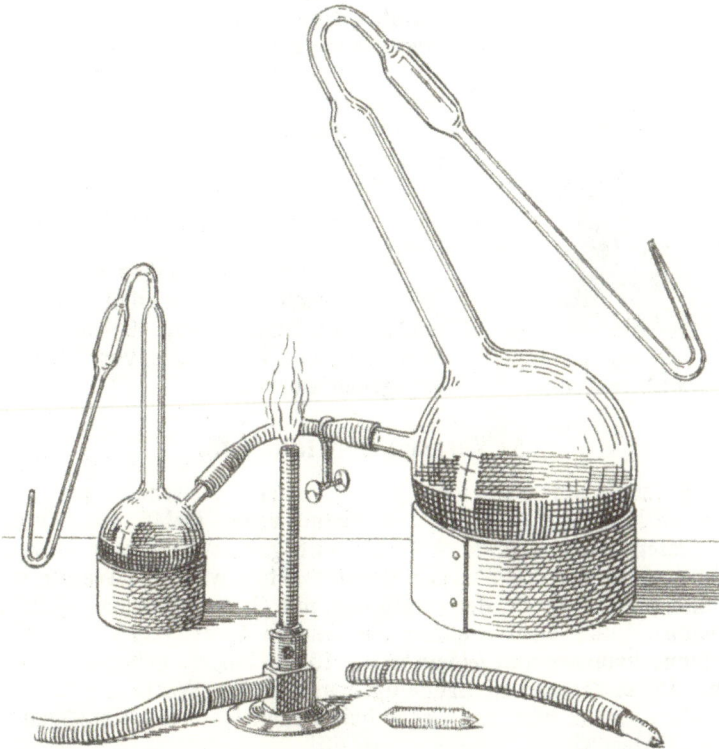

Fig. 29. Zwei durch Gummischlauch verbundene Pasteur-Kolben.

4. Herstellung größerer Mengen von Reinhefe
ohne Reinzuchtapparat.

§ 124. Für diesen Zweck werden nach der Hansenschen Methode
(§ 120) in Pasteur-Kolben von 1 l Inhalt Reinkulturen hergestellt
und bei 25⁰ C gehalten; bei Zimmertemperatur geht die Gärung langsamer vor sich. Von dem Pasteur-Kolben impft man dann in einen
Karlsberg-Kolben (Fig. 30) über, und zwar unter Beachtung
aller notwendigen Vorsichtsmaßregeln (§ 123).

Der Karlsberg-Kolben ist ein zylindrisches Gefäß mit kegel-
förmigem Aufsatz; er besteht aus Kupferblech und hat 8 bis 10 l
Fassungsraum. Einige cm über dem Boden ist ein Tubus für Schlauch
und Aluminiumstöpsel wie bei dem Pasteur-Kolben und ein zweiter

Impftubus am oberen Ende angebracht. Hier befindet sich außerdem ein nach abwärts gerichtetes doppelt gebogenes und eine Schlinge bildendes Rohr.

Der nach dem Überimpfen im Pasteur-Kolben gebliebene Rest wird mikroskopisch untersucht, um festzustellen, ob Verunreinigungen eingetreten sind oder die Hefezellen sonst etwas Außergewöhnliches zeigen.

Nach 5 bis 7 Tagen ist bei Zimmertemperatur die Gärung im Karlsberg-Kolben beendet, und die Hefe kann nun in den Betrieb eingeführt werden. Es sind 2 bis 4 Karlsberg-Kolben anzusetzen, je nach dem Bedarf des Betriebes.

Ferner gibt es Gärkolben mit Durchlüftungseinrichtung, um den Kulturen reichlich Luft zuzuführen. Solche Gefäße sind z. B. von Prior und von Lindner angegeben worden.

Fig. 30.
Karlsberg-Kolben.

5. Versand von Reinhefe.

§ 125. Zum Versand von Reinhefe verwendet man den Versandkolben (Fig. 31), ein zylindrisches Gefäß aus Kupfer, an dessen oberem Ende 2 Rohre mit gut schließenden Messinghähnen angebracht sind. Der Versandkolben wird mit Wasser halb gefüllt, das eine Rohr, der Impftubus, mit Gummischlauch, Aluminiumstöpsel und Quetschhahn, das andere Rohr vermittelst eines Gummischlauches mit einem etwa 15 cm langen gebogenen Glasrohr, das seiner ganzen Länge nach mit steriler Watte angefüllt ist, versehen. Dann wird das Ganze bei offenen Hähnen im strömenden Dampf sterilisiert.

Vor dem Gebrauch wird das Wasser nach Entfernung des Aluminiumstöpsels durch den Impftubus, indem man in den Wattefilter hineinbläst, entleert. Die einströmende Luft muß unbedingt durch den Wattefilter gehen, damit der Kolben keimfrei bleibt.

Soll die Hefe eines Karlsberg-Kolbens in den Versandkolben gebracht werden, so wird die über der Hefe stehende Flüssigkeit des Karlsberg-Kolbens durch den unteren Tubus abgelassen, wobei das doppelt gebogene Rohr stark erhitzt wird. Der Tubus wird mit sterilem Fließpapier abgetrocknet und mit dem erhitzten Stöpsel wieder verschlossen. Eine Probe der Flüssigkeit ist mikroskopisch zu untersuchen.

Hierauf wird durch den oberen Impftubus aus einem Pasteur-Kolben steriles Wasser in den Karlsberg-Kolben unter den üblichen Vorsichtsmaßregeln (§ 123) eingeführt.

Nachdem ungefähr ½ l Wasser hineingelassen wurde, ist der Karlsberg-Kolben steril zu verschließen und der Bodensatz mit dem Wasser aufzuschütteln, wobei das gebogene Rohr mit der Flamme zu erhitzen ist. Nun wird der Impftubus des Karlsberg-Kolbens mit dem des Versandkolbens steril in der Flamme verbunden und das Wasser mit der Hefe durch Saugen am Glasrohr in den letzteren übergeführt; hierauf ist der Versandkolben wieder steril zu verschließen. Auf diese Weise ist die Hefe von 3 bis 5 Karlsberg-Kolben in den Versandkolben zu bringen. Dann werden die Hähne geschlossen und der Wattefilter sowie der Gummischlauch mit dem Aluminiumstöpsel entfernt. Die Hefe kann in dieser Weise ohne Schaden 3 bis 4 Wochen lange Reisen aushalten.

Um Reinhefe an Betriebe zu verschicken, die mit der Vermehrung derselben im Laboratorium vertraut sind, bedient man sich eines Hansen-Kölbchens, das nur sterile Watte enthält.

Das Hansen-Kölbchen hat die Gestalt des Freudenreich-

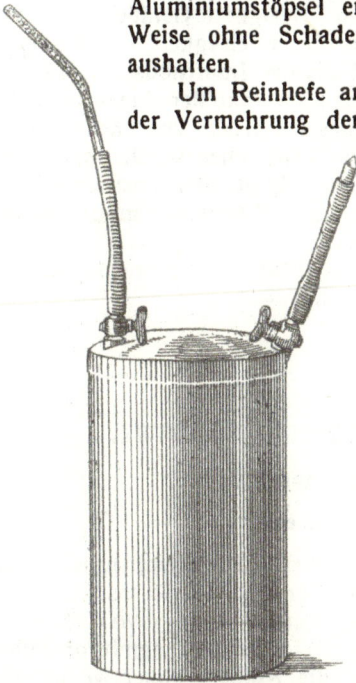

Fig. 31.
Versandkolben für Reinhefe.

Fig. 32.
Hansen-Kölbchen aus einem Stück.

Kölbchens, kann jedoch auch aus einem Stück gefertigt sein (Fig. 32); seitlich befindet sich wie bei dem Pasteur-Kolben ein Impftubus, welcher mit einem festen Pfropfen aus langfaserigem Asbest verschlossen ist.

Von der Reinkultur eines Pasteur-Kolbens werden, nachdem beide Gefäße steril verbunden wurden, 2 bis 3 Tropfen der Bodensatzhefe auf die Watte des Hansen-Kölbchens gebracht. Dieses wird hierauf steril verschlossen und der Impftubus sorgfältig versiegelt.

Nach der Ankunft am Bestimmungsorte wird das Hansen-Kölbchen steril mit einem Pasteur-Kolben mit steriler Würze verbunden. Dann läßt man etwas Würze in das Hansen-Kölbchen fließen, zum Zwecke des Aufweichens dieses etwa einen Tag stehen und hierauf die Würze wieder in den Pasteur-Kolben zurücklaufen; zuletzt wird der Pasteur-Kolben steril verschlossen und die weitere Vermehrung wie gewöhnlich durchgeführt.

6. Aufbewahrung von Reinhefe.

§ 126. Zur Aufbewahrung von Reinhefe eignet sich besonders eine sterile 10%ige Rohrzuckerlösung in destilliertem Wasser, in welcher die Zellen viele Jahre hindurch lebend bleiben und alle ihre Eigenschaften bewahren. Geeignete Gefäße hiefür sind die Hansen-Kölbchen. Es ist von größter Wichtigkeit, daß die übertragene Menge äußerst gering sei. Falls der Impftubus des Hansen-Kölbchens heiß geworden ist, lasse man ihn abkühlen, bevor die Spur Hefe überfließt, denn sonst geht dieselbe leicht zugrunde.

Wenn die Hefe wieder in Kultur genommen werden soll, wird das Kölbchen mit einem sterile Würze enthaltenden Pasteur-Kolben steril verbunden. Dann läßt man einige Tropfen von der Rohrzuckerlösung in die Würze überfließen.

Soll die Hefe in einen Hefereinzuchtapparat gebracht werden, so geschieht dies von dem Pasteur-Kolben aus.

VI. Der Hefereinzuchtapparat.
(Hefepropagierungsapparat.)
Von Dr. A. Doemens.

§ 127. In § 124 wurde die Vermehrung der Reinhefe in Karlsberg-Kolben, welche 8 bis 10 l gärender Flüssigkeit fassen, näher beschrieben. In 3 bis 4 derartigen Kolben kann soviel Reinhefe gewonnen werden, daß man 1 bis 1½ hl Würze damit anstellen kann. Für eine zweite Gärung sind die Kolben immer wieder mit Würze zu sterilisieren und mit der in anderen Kolben (Glaskolben) entwickelten Hefe neu anzustellen.

Die Vermehrung der Reinhefe in Karlsberg-Kolben ist eine reine Laboratoriumsarbeit und erfordert große Übung im Umimpfen von Reinkulturen. Um im Betriebe größere Mengen von Reinhefe auf einfache Weise herstellen zu können, bedient man sich des Hefereinzuchtapparates. Derselbe wird bei Inbetriebsetzung mit Reinhefe angestellt und liefert dann in ununterbrochenem Betriebe alle 10 bis 11 Tage ein Quantum Reinhefe, welches je nach Größe des Apparates zum Anstellen von 3 bis 10 hl Würze genügt. Erst nach 1½ bis 2 Jahren ist es in der Regel nötig, den Apparat zwecks Reinigung von Ausscheidungen usw. zu öffnen und wieder neu anzustellen.

Es sei hier gleich ausdrücklich hervorgehoben, daß der Hefereinzuchtapparat nach den gleichen Prinzipien gebaut ist wie der
Pasteur-Kolben und daher bei richtigem Arbeiten (und nur dann!)
jede Gefahr einer Infektion absolut ausgeschlossen ist.

1. Der Hefereinzuchtraum.

§ 128. Der Hefereinzuchtapparat ist unter allen Umständen
in einem verschließbaren Raum aufzustellen, so daß Unberufene
ferngehalten werden können. Kleinere Apparate mit weniger als 1 hl
gärender Flüssigkeit könnten auch im Laboratorium aufgestellt
werden, wenn genügend kaltes Kühlwasser vorhanden ist. Am
besten ist es jedoch, einen besonderen Raum für den Apparat im
Betriebe einzurichten. Wenn möglich, soll auch der kleine Bottich
für die erste bzw. auch noch für die zweite Bottichgärung in dem
Hefereinzuchtraum untergebracht werden.

Vielfach befindet sich der Hefereinzuchtapparat in einem
durch einen Verschlag abgeschlossenen Teile des Gärkellers. Bei
einer Temperatur von 5°C kann jedoch leicht eine zu starke Abkühlung der Apparatgärung eintreten, weshalb man besser von einer
Aufstellung dort absehen wird. Die Temperatur des Hefereinzuchtraumes soll das ganze Jahr hindurch möglichst nahe bei 10 bis 12°C
liegen. Um eine zu starke Erwärmung zu vermeiden, findet man daher
vielfach den zum Sterilisieren der Würze dienenden Zylinder vom
Gärzylinder durch eine Wand getrennt. Am bequemsten ist es,
wenn der Hefereinzuchtraum mit künstlicher Luftkühlung und
-heizung eingerichtet ist. Die Kühlrohre sind selbstverständlich oben,
die Heizelemente am Boden anzubringen. Außer durch ihre Temperatur hat die Luft auf die in dem geschlossenen Zylinder stattfindende Gärung keinen Einfluß. Man wird aber trotzdem
den Hefereinzuchtapparat nicht in einem dumpfen moderigen Raum
aufstellen, wenn auch aus rein äußerlichen Gründen; der Raum soll
freundlich und luftig sein, auch möglichst helles Tageslicht oder gute
künstliche Beleuchtung haben.

Die Wände werden vielfach mit Porzellanplatten belegt oder
mit Emailfarbe gestrichen, ebenso der Boden mit Platten belegt,
damit der ganze Raum, entsprechend seiner großen Bedeutung,
einen guten Eindruck macht.

Wasserleitung zu Waschzwecken muß in dem Hefereinzuchtraum zur Verfügung stehen. Ist das Leitungswasser nicht das ganze
Jahr hindurch genügend kalt, so wird man zur Kühlung der Gärung,
wenn möglich, die Süßwasserkühlung der Betriebskühlanlage heranziehen.

Soll der Apparat zwecks Entnahme von steriler Würze aus
dem Hopfenkessel mit letzterem verbunden werden, so ist eine
Würzeleitung direkt von diesem im Sudhaus bis zum Apparat
herzustellen. Vielfach trifft man auch noch eine eigene Leitung zum
Transport des vergorenen Bieres in den Gärkeller.

Ferner ist der Apparat zwecks Sterilisation mit der Dampfleitung zu verbinden; ebenso bedarf man Preßluft zum Durchlüften der Würze und des Apparates. Schließlich ist zur Anstellung
des Apparates und zur sterilen Entnahme von Proben eine Gasflamme sehr erwünscht.

In dem Hefereinzuchtraum wären also möglichst einzurichten:
Luftheizungsanlage, Luftkühlanlage, Lichtanlage, Wasserleitung,
Süßwasserkühlung, Dampfleitung, Preßluftleitung, Gasleitung, Würze-
leitung aus dem Sudhaus, Bierleitung in den Gärkeller.

2. Beschreibung des Apparates.

§ 129. Der erste Hefereinzuchtapparat wurde von Professor
Hansen im Verein mit Direktor Kühle konstruiert und ist in
Fig. 33 schematisch dargestellt. Die Hauptteile des Apparates sind
der Gär- und der Würzezylinder. Der Zylinder rechts dient zur
Aufnahme der sterilen Würze aus dem Hopfenkessel und ist zu
diesem Zwecke direkt mit diesem verbunden. Kurz vor dem Ausschlagen ist die Betriebswürze im Hopfenkessel absolut steril und
braucht, wenn sie unmittelbar in den Würzezylinder gelangt,
nicht nochmals sterilisiert, sondern nur abgekühlt zu werden. Dabei
ist zu beachten, daß der Abschlußhahn der Würzeleitung am Hopfenkessel möglichst nahe an diesem angebracht sein muß, so daß er
mit der kochenden Würze in direkter Berührung ist. Um zu vermeiden, daß Hopfenteilchen mitgerissen werden, kann man ein
kleines Sieb vorlegen.

Oft ist aber die Entfernung der Apparate vom Hopfenkessel
eine große, auch kann die Würze kurz vor der Entnahme durch
Unachtsamkeit leicht infiziert werden. Man zieht es daher meistens
vor, sie durch ein Trichterrohr in den Würzezylinder des Apparates
einzufüllen und dort zwecks Sterilisation nochmals zu kochen.
In diesem Falle muß aber der Würzezylinder mit einer Vorrichtung
zur indirekten Dampfkochung versehen sein. Es genügt ein Dampfrohr, welches vollständig am Boden aufliegen muß, da sonst leicht
die unter dem Dampfrohr befindliche Würze nicht zum Kochen
kommen und somit nicht steril werden könnte. Doppelter Boden
für die Dampfheizung ist daher immer vorzuziehen.

Der Würzezylinder selbst muß auch durch direkten Dampf
ausgedämpft werden können. Nach der Zeichnung kann der Dampf
durch den gleichen Hahn (Wechsel) wie die Würze in den Zylinder
eintreten. Der eintretende Dampf soll jedoch höchstens 1 Atmosphäre
Spannung haben, andernfalls ist ein Reduzierventil in die Dampfleitung einzuschalten.

Außer dem Einlaßhahn für Würze und Dampf besitzt der
Würzezylinder unten einen Hahn zum vollständigen Entleeren
und oben, nach vorne gekehrt, einen Auslaßhahn, bis zu welchem
der Zylinder mit Würze gefüllt werden soll. Die abgekühlte Würze

wird durch das Verbindungsrohr in den auf der linken Seite stehenden Gärzylinder geleitet.

Die Größenverhältnisse sind so zu bemessen, daß der Gärzylinder nur $3/4$ voll wird, so daß noch genügend Steigraum für
die Gärung bleibt. Rechts auf dem Deckel des Würzezylinders
befindet sich ein Hahn mit einem weit hinunterreichenden doppelt
gebogenen Rohr. Dieses vermittelt, wie bei jedem Pasteur-Kolben,
die Verbindung des Zylinderinhalts mit der Außenluft, ohne daß
eine Infektion durch Keime aus der Luft zu befürchten wäre. Viel-

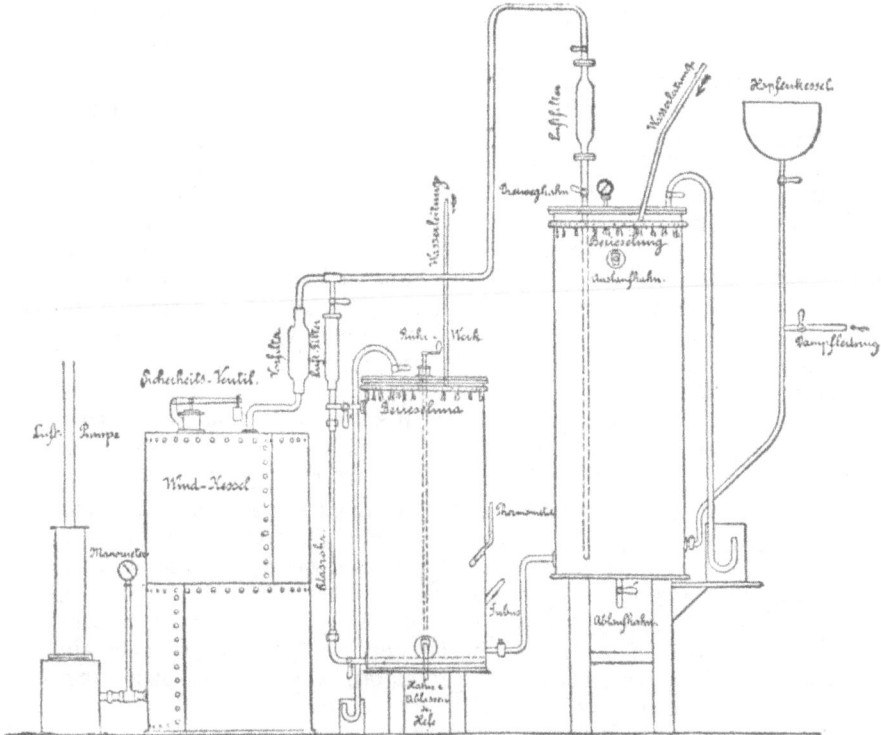

Fig. 33. Hefereinzuchtapparat nach Hansen-Kühle.

fach läßt man das am Gärzylinder befindliche doppelt gebogene
Rohr während der Gärung in ein Gefäß mit Wasser tauchen, wie
auf der Zeichnung angedeutet ist. Dies ist jedoch nicht empfehlens-
wert, da bei einer Volumenverminderung des Zylinderinhalts, wie
solche durch zufällige Abkühlung leicht eintreten kann, Wasser
eingesaugt und dadurch der Zylinder infiziert werden kann, während
bei etwaigem Einsaugen von Luft die Keime sich im unteren Teile
des doppelt gebogenen Rohres absetzen würden.

Auf dem Deckel des Würzezylinders befindet sich ferner ein
Manometer. Sowohl um den Würze- wie um den Gärzylinder herum

liegt ein Berieselungsring, von welchem aus das Kühlwasser außen
herunterläuft. Das unten angebrachte kurze Verbindungsrohr
zwischen Würze- und Gärzylinder kann auch vorne angebracht
und, wenn nötig, zu einem zweiten Gärzylinder weitergeführt werden.
In diesem Falle empfiehlt es sich, diese Rohrleitung gesondert mit
der Dampfleitung zu verbinden. Der am Gärzylinder unten befindliche Hahn zum Ablassen der Hefe steht nicht ganz am Boden, so
daß nach vollständigem Ablaufen noch ein Flüssigkeitsrest im Zylinder verbleibt. Rechts am Gärzylinder ist eine Metallhülse sichtbar, in welcher das Thermometer sitzt, so daß also letzteres nicht
direkt mit der Flüssigkeit in Berührung kommt. In gleicher Weise
ist auch der Würzezylinder mit einem Thermometer versehen.

Unter dem Thermometer am Gärzylinder befindet sich der
äußerst wichtige Impftubus, der charakteristische Teil eines jeden
Pasteur-Kolbens. Der mit Schlauch und Stöpsel verschlossene
Tubus ermöglicht es, die reine Anstellhefe aus einem Pasteur-Kolben
unter absolut sicherer Beseitigung jeder Infektionsgefahr in den
Apparat einzuführen sowie absolut sterile Proben zu entnehmen.
Links am Gärzylinder ist ein Glasrohr angebracht, an welchem
man den Stand der Flüssigkeit beobachten kann, und welches auch
dazu dient, die Klärung und den Bruch während der Gärung zu
beobachten. Das Glasrohr wird manchmal weggelassen, dagegen
werden vielfach im oberen Teile des Gärzylinders zwei einander
gegenüberliegende kleine Fenster angebracht, durch die man die
Oberfläche der Flüssigkeit beobachten kann; jedoch auch diese sind
überflüssig. Der Gärzylinder ist ferner mit einem Rührwerk zum
Bewegen der Flüssigkeit und Aufrühren der Hefe versehen.

Von dem Windkessel führt eine Luftleitung zum Gär- und
Würzezylinder; die Luft muß jedoch vor Eintritt in die Zylinder
durch einen Wattefilter geleitet werden, welcher alle Keime zurück-
hält. Vom Filter aus kann man die Luft beim Gärzylinder mittels
des Dreiweghahnes beliebig oben oder unten in die Zylinder eintreten lassen. In der Zeichnung ist über dem Windkessel noch ein
Vorfilter in die Luftleitung eingeschaltet, welcher aber auch weggelassen werden kann.

3. Die Sterilisation.

§ 130. Nachdem der Apparat aufgestellt ist und die An-
schlüsse an Dampf, Wasser und Preßluft hergestellt sind, hat man
zunächst die Luftfilter herzurichten.

Am oberen Ende sind die Filter mit einer Schraube versehen.
Nach Entfernung der Verschraubung zeigt der Filter von normaler
Größe einen inneren Durchmesser von 3 cm und eine innere Höhe
von 22 cm. In diesen Raum von ca. 150 cm³ stopft man 35 g reine
Verbandwatte in Stücken von 3 bis 4 g, nicht zu fest, aber auch
nicht zu lose, so daß möglichst der Raum mit den 35 g Watte an-

gefüllt ist; durch den gestopften Filter soll man die Luft mit dem Mund noch eben durchsaugen können.

In das Röhrchen der Filterverschraubung kann man auch etwas Watte stopfen, welche als Vorfilter dient. Das untere Ende des Filters schließt man mit einem Wattebausch, den man zum Teil herausragen läßt, damit er leicht abzunehmen ist. Auch legt man um das untere Ende des Filters einen oder zwei Dichtungsringe aus Asbest, damit derselbe luftdicht auf den Apparat aufgeschraubt werden kann. Nachdem man die obere Verschraubung wieder aufgesetzt, wird der so hergerichtete Filter in Papier gewickelt und dann im Heißluftsterilisator (§ 68) 2 Stunden auf 150° C erhitzt. Den sterilen Filter hebt man auf bis zu seiner Verwendung.

Am Apparat stellt man zunächst die Größenverhältnisse genau fest, und zwar sind bei einem der Zeichnung in Fig. 33 entsprechenden Apparat folgende Fragen zu beantworten:

1. Inhalt des Würzezylinders bis zum Auslaufhahn? — Angenommen 135 l.

2. Wieviel bleibt im Würzezylinder zurück, wenn durch das Verbindungsrohr unten alle Flüssigkeit aus dem Würze- in den Gärzylinder gelaufen ist? — 15 l.

3. Wieviel l faßt der Gärzylinder bis zu ungefähr $\frac{3}{4}$ seiner Höhe? — 120 l.

4. Wieviel bleibt im Gärzylinder zurück, wenn alle Flüssigkeit durch den Hahn zum Ablassen der Hefe abgelaufen ist? — 10 l.

5. Wieviel Würze befindet sich im Gärzylinder, wenn die Flüssigkeit eben im Glasrohr sichtbar wird? — 18 l.

6. Wieviel cm Höhe im Glasrohr entsprechen je 10 l? — 7 cm.

Hierauf läßt man in beide Zylinder Dampf bis zu einem Druck von etwa $\frac{1}{2}$ Atmosphäre und überzeugt sich, daß keine undichten Stellen vorhanden sind.

Bei dem nun folgenden Sterilisieren durch Ausdämpfen ist zu berücksichtigen, daß jede Stelle, welche mit der sterilen Würze oder der Reinkultur in Berührung kommen kann, genügend lange dem heißen Dampf von etwa 100° C ausgesetzt sein muß.

Ganz besonders ist darauf zu achten, daß auch nicht der kleinste Raum, sobald er mit Dampf gefüllt ist, vom Dampf abgesperrt wird, da sonst entweder keimhaltige Luft von außen eindringen oder durch Verdichtung des eingeschlossenen Dampfes ein Vakuum entstehen würde.

Zunächst läßt man den Dampf mindestens 20 Minuten durch die zum Hopfenkessel führende Würzeleitung, da auch diese als ein Bestandteil des Apparates zu betrachten und vollkommen zu sterilisieren ist. Alsdann durchdämpft man die beiden Zylinder, indem man den Dampf durch die einzelnen Hähne oder bei genügendem Dampfdruck durch sämtliche Hähne auf einmal ausströmen läßt. Zum Dämpfen des Glasrohres schließt man den oberen und öffnet den unteren Hahn; nach 20 Minuten öffnet man zuerst den oberen und schließt den unteren. Den Schlauch am Impftubus schließt man nach dem Ausdämpfen mit flambiertem Stöpsel. Nach etwa einstündigem Ausdämpfen sollen alle Hähne geschlossen sein mit Ausnahme der Hähne am doppelt gebogenen Rohr und derjenigen unter dem Luftfilter, so daß der Dampf aus der Öffnung, auf welche der Luftfilter aufgesetzt werden soll, noch kräftig ausströmt. Hierauf erzeugt man im Windkessel einen Druck von etwa 1 Atmosphäre und schreitet nun zum Aufsetzen der Filter.

Nach Entfernung der Umhüllung bringt man eine Flamme (Gas oder Spiritus) möglichst nahe an die Aufschraubestelle für den Filter, zieht den unteren im Filter steckenden Wattebausch heraus, bringt in demselben Augenblick das untere Filterende in die Flamme, dreht es etwa $\frac{1}{2}$ Minute in der Flamme herum, schließt den Hahn am Apparat und schraubt fast zu gleicher Zeit den Filter fest auf. Zögert man zu lange mit dem Aufsetzen des Filters, so könnte, wenn der Dampf nicht mehr ausströmt, leicht etwas Luft eingesaugt werden. Setzt man aber den Filter zu früh auf, während der Dampf noch ausströmt, so wird er naß, was unter allen Umständen vermieden werden muß, da sonst oben im Filter befindliche Keime durch die feuchte Watte hindurchwachsen und so in den Apparat gelangen können.

Sofort nach dem Aufschrauben verbindet man das obere Ende des Filters mit der Luftleitung und öffnet den Lufthahn über dem Filter, so daß die sterile Luft am Gärzylinder das Glasrohr füllt und beim Würzezylinder bis zum Dreiweghahn steht. Nach dem Aufsetzen des Filters läßt man den Dampf noch etwa 20 Minuten durch die doppelt gebogenen Rohre entweichen und sperrt denselben hierauf ab, läßt aber den Hahn in der Würzeleitung unten am Würzezylinder offen. Der Dampf wird anfangs aus dem doppelt gebogenen Rohr noch kräftig ausströmen; sobald er etwas nachläßt, öffnet man sofort den Hahn unten am Glasrohr des Gärzylinders und den Dreiweghahn am Würzezylinder, so daß die Luft unten in die Zylinder eintreten und durch das doppelt gebogene Rohr entweichen kann. Es ist sorgfältig darauf zu achten, daß immer genügend sterile Luft nachströmt und niemals Luft durch das doppelt gebogene Rohr eingesaugt wird. Nach etwa 15 Minuten kann man auch die Kaltwasserberieselung ganz vorsichtig in Gang setzen und so den Apparat unter fortwährendem Durchblasen von Luft abkühlen, bis er sich nicht mehr warm anfühlt. Kann nun nicht sofort sondern etwa erst am nächsten Tage die Würze eingefüllt werden, so stellt man am besten den Apparat unter schwachen sterilen Luftdruck, indem man die Hähne an den doppelt gebogenen Rohren und, wenn das Manometer auf dem Würzezylinder ungefähr $\frac{1}{4}$ Atmosphäre zeigt, auch die Hähne unter den Luftfiltern schließt.

Will man nun die Würze in den Apparat bringen, so schließt man zunächst kurz vor dem Ausschlagen auf das Kühlschiff den Verbindungshahn unten zwischen den beiden Zylindern und läßt den Gärzylinder weiter unter ungefähr $\frac{1}{4}$ Atmosphäre Druck stehen, öffnet dagegen am Würzezylinder den Auslaufhahn und den Hahn am doppelt gebogenen Rohr und läßt dann die Würze aus dem Hopfenkessel einlaufen, bis sie eben beginnt, aus dem Auslaufhahn auszutreten. Dann öffnet man sofort den Dreiweghahn, so daß die Druckluft unten in den Zylinder eintritt, und schließt unmittelbar darauf den Auslaufhahn und den Hahn in der Würzeleitung unten am Würzezylinder; dieser ist aber wieder zu öffnen unmittelbar nachdem man den Hahn am Hopfenkessel geschlossen hat, was geschehen muß, solange sich noch kochende Würze im Hopfenkessel befindet. Die Druckluft durchströmt nun fortwährend die Würze und entweicht hierauf durch das doppelt gebogene Rohr. Dabei ist jedoch zu befürchten, daß die Würze zu stark schäumt und schließlich der Schaum in das doppelt gebogene Rohr übertritt; deshalb stellt man zeitweise den Dreiweghahn so, daß die Luft direkt den Weg vom Dreiweghahn zum doppelt gebogenen Rohr nimmt, und läßt etwa abwechselnd die Luft ungefähr eine Minute durch und zwei Minuten über die Würze gehen. Wenn die Temperatur um etwa 10° gefallen ist, kann man die Kühlung langsam anlaufen lassen; schließlich kühlt man schnell auf die Anstelltemperatur, 9 bis 11° C, ab.

Ist der Apparat nicht mit dem Hopfenkessel verbunden, so ist die Würze im Apparat durch die indirekte Dampfheizung zwecks Sterilisation eine Stunde zu kochen, indem man den sich entwickelnden Dampf durch das doppelt gebogene Rohr entweichen läßt. Die Abkühlung nach dem Kochen geschieht wie oben angegeben. Nach dem Abkühlen schließt man den Hahn am doppelt gebogenen Rohr und, wenn das Manometer ungefähr $\frac{1}{4}$ Atmosphäre Druck zeigt, auch den Hahn unter dem Luftfilter. So bleibt die Würze unter Druck bis zum Anstellen der Gärung stehen. Ist nach dem Anstellen die Würze aus dem Würzezylinder in den Gärzylinder hinübergedrückt, so bringt man den im Würzezylinder verbliebenen Rest, welcher den ausgeschiedenen Trub enthält, mittels Drucks steriler Luft durch den am Boden befindlichen Ablaufhahn vollständig heraus, füllt den Zylinder aufs neue mit Würze und verfährt weiter wie oben. Es empfiehlt sich, die abermalige Füllung des Würzezylinders bald nach dem Anstellen vorzunehmen, damit man die sterile Würze während der ganzen Gärdauer zur Beobachtung auf ihre absolute Reinheit stehen lassen kann. Vor ihrer Verwendung ist dann natürlich aus dem Ablaufhahn eine Probe zwecks Untersuchung herauszudrücken.

4. Die Gärung.

§ 131. Hat die Würze nach dem Sterilisieren längere Zeit im Würzezylinder gestanden, so ist sie eventuell, wieder auf die Anstelltemperatur abzukühlen oder zu erwärmen.

Bezüglich der Anstelltemperatur, der Gärtemperatur und überhaupt der ganzen Gärführung lassen sich keine allgemeinen für alle Fälle gültigen Regeln aufstellen. Die zweckmäßigste Arbeitsweise muß von Fall zu Fall ausprobiert werden, und es können alle möglichen Abänderungen unter Umständen zweckmäßig sein. Im allgemeinen wird es sich jedoch empfehlen, nicht allzuweit von den Verhältnissen, welche bei der offenen Bottichgärung im Betriebe herrschen, abzuweichen, sofern dies nicht durch die veränderten Verhältnisse bei der Apparatgärung bedingt ist. Nachstehend beschriebenes Arbeitsverfahren soll daher nur zeigen, wie man mit Aussicht auf guten Erfolg arbeiten kann, was nicht ausschließt, daß man durch gewisse Änderungen im einzelnen Falle noch bessere Resultate erzielen kann.

Die Anstelltemperatur betrage, je nach der Lufttemperatur, 9 bis 11° C; während der Gärung lasse man nicht über 11 bis 12,5° C steigen, am Schluß der Gärung empfiehlt es sich, um einige Grade zurückzukühlen, wobei man jedoch darauf achte, daß keine Außenluft durch das doppelt gebogene Rohr eingezogen wird.

Gewöhnlich ist der Gärzylinder noch mit einem Hahn zum vollständigen Ablassen versehen. Durch diesen drückt man zunächst mittels sterilen Luftdrucks das Kondenswasser heraus. Dann öffne man den Verbindungshahn zwischen Würze- und Gärzylinder, ebenso den Hahn am doppelt gebogenen Rohr des Gärzylinders und lasse, indem man fortwährend den sterilen Luftdruck oben auf die Würze im Würzezylinder einwirken läßt, zunächst etwa 20 bis 30 l Würze in den Gärzylinder einlaufen.

Alsdann ist die Hefe einzuführen. Die im Laboratorium gezüchtete Reinhefe bezieht man in einem Gefäße, welches mit einem Impftubus versehen sein muß, gewöhnlich in dem in § 125 beschriebenen Versandkolben aus Kupfer. Nach gründlichem Aufschütteln der Hefe verbindet man den Tubus des Versandkolbens in einer Gas- oder Spiritusflamme mit dem Tubus des Gärzylinders nach den in § 123 für das Arbeiten mit Pasteur-Kolben gegebenen Anleitungen und läßt die Hefe einfließen, indem man mit dem Munde in den auf dem Versandkolben sitzenden Wattefilter bläst. Hierauf drückt man den Schlauch am Gärzylinder mit dem Daumen und Zeigefinger der linken Hand fest zu und schließt ihn nach Wegnahme des Versandkolbens mit flambiertem Stöpsel. Dann setzt man das Rührwerk in Bewegung, während man zu gleicher Zeit sterile Luft durch die Flüssigkeit streichen läßt. Ist so die Hefe mit der Würze gut gemischt, so drückt man die Würze aus dem Würzezylinder vollständig herüber und mischt abermals durch Rühren und Lüften gründlich durch. Das Durchlüften unter gleichzeitiger Bewegung des Rührwerks ist auch nach dem Anstellen von Zeit zu Zeit etwa 8 bis 10 mal zu wiederholen, bis die Gärung angekommen ist, was man leicht beim Umrühren an dem lebhaften Entweichen von Kohlensäure bemerkt.

Nach dem Beginn der Gärung kann man noch dann und wann, etwa täglich zweimal, die Luft kurze Zeit oben über die gärende Flüssigkeit streichen lassen; es ist dies jedoch nicht unbedingt nötig. Die Temperatur lasse man, wie bereits oben erwähnt, nicht

über 11 bis 12,5° C steigen. Ist ein Glasrohr vorhanden, so kann
man an diesem die Veränderungen der Flüssigkeit, Bruch usw. beobachten, eventuell kann man auch, durch die Fensterchen sehend,
aus der Kräusenbildung einen Schluß auf den Stand der Gärung
ziehen. Übrigens kann man nach 10 bis 11 Tagen bei obigen Temperaturen die Gärung immer als beendigt betrachten; ob das Bier
etwas mehr oder weniger lauter ist, ist vollkommen gleichgültig.
Nach Beendigung der Gärung schließt man den Hahn am doppelt
gebogenen Rohr, setzt Luftdruck auf das Bier und läßt nun durch
den Auslaufhahn soviel Bier auslaufen, daß bei den in § 130
angegebenen Größenverhältnissen noch etwa 50 l im Gärzylinder
zurückbleiben. Nach dem Öffnen des doppelt gebogenen Rohres
und dem Abstellen der Luft rührt man nun mit diesen 50 l die Hefe
kräftig auf und läßt dann die Flüssigkeit unter Luftdruck ablaufen
bis auf 10 l, also ⅕ der Gesamthefe, welche als Anstellhefe für die
nächste Gärung im Zylinder zurückbleiben. Zur Aufnahme der
40 l Bier mit den übrigen ⅘ Hefe dient am besten ein gewöhnliches
sorgfältig gereinigtes Emailgefäß mit Deckel, in dem man die Hefe
an einem kalten Orte (Gär- oder Lagerkeller) einige Stunden sich
absetzen läßt. Mit den im Zylinder zurückgebliebenen 10 l wird
sofort die im Würzezylinder aufs neue vorbereitete sterile Würze
wieder angestellt. So kann der Apparat bis zu 2 Jahren oder noch
länger ununterbrochen in Betrieb bleiben.

5. Die ersten Bottichgärungen.

§ 132. Sobald die Reinhefe den Apparat verlassen hat, kann
sie nicht mehr als absolute Reinkultur betrachtet werden, obwohl
sie bei sorgfältiger Behandlung auch nach 20 und mehr Gärungen
im Betriebe in bezug auf Reinheit immer noch einer alten nicht von
Reinzucht abstammenden Betriebshefe weit vorzuziehen ist. Solange sich die Reinhefe im Apparat befindet, ist es nur nötig, richtig
zu arbeiten, dann ist jede Möglichkeit einer Verunreinigung absolut
ausgeschlossen. Nach der Entnahme aus dem Apparat jedoch hat
man die Aufgabe, die unvermeidliche Infektion auf ein möglichst
geringes Maß zu beschränken und vor allen Dingen darauf zu achten,
daß den wenigen in die Hefe und die ersten Gärungen gelangenden
Keimen keine Gegelegenheit zur Vermehrung geboten wird. Zunächst sind daher gute kleine Gärbottiche erforderlich; am besten
eignen sich emaillierte Eisengefäße, Schieferbottiche u. dgl. oder
auch fehlerfreie neue Holzbottiche. Bei den obigen Größenverhältnissen des Apparates entspricht die herausgenommene Hefe ungefähr
1 hl vergorenen Bieres und genügt daher zum Vergären von 3 bis
4 hl neuer Würze, so daß also für die erste Gärung ein Bottich von
etwa 5 hl (mit Steigraum), für die zweite ein solcher von 12 bis 15 hl
Inhalt erforderlich ist. Nach der zweiten Gärung hat man somit
schon genügend Hefe für einen großen Betriebsbottich. Die Würze
für die ersten Gärungen soll möglichst rein sein, am besten wird

man sie 1 bis 2 Stunden nach dem Ausschlagen direkt vom Kühlschiff entnehmen und im Gärgefäß möglichst schnell auf die Anstelltemperatur abkühlen. Stehen die Bottiche im Hefereinzuchtraum bei einer Temperatur von 10 bis 11⁰ C, so kann man mit 7,5
bis 8,5⁰ C anstellen; im Gärkeller bei 5 bis 6⁰ C Lufttemperatur
jedoch muß man mit 10 bis 12,5⁰ C anstellen.

Wichtig ist, daß die Gärung möglichst bald einsetzt; man
stellt daher auch zweckmäßig erst mit 1½ bis 2 hl an und läßt nach
dem Ankommen noch ebensoviel darauf. In manchen Brauereien
werden die ersten Bottichgärungen zugedeckt; in Anbetracht der
äußerst geringen Anzahl Keime, welche unter normalen Verhältnissen aus der Luft in das Bier gelangen können, ist dies jedoch weniger
wichtig. Das Anstellen der Reinhefe, von welcher man nach dem
Absetzen das Bier abgegossen hat, geschieht im übrigen wie bei der
gewöhnlichen Bottichgärung. Kühlung während der Gärung ist
nicht erforderlich. Nach der ersten Bottichgärung stellt man alsbald mit der gewonnenen Hefe, ohne dieselbe zu wässern, die zweite
Gärung an. Das Würzequantum ist so zu bemessen, daß, wie bei
der gewöhnlichen Betriebsgärung, auf ½ l Anstellhefe ungefähr 1 hl
Würze trifft; wenn möglich stelle man auch bei der zweiten Gärung
mit der Hälfte der Würze an und lasse den Rest nach dem Ankommen
darauf.

6. Verschiedene Ausführungen des Hefereinzuchtapparates.

§ 133. Die Apparate werden fast nur aus starkem Kupferblech hergestellt. Das Kupfer muß innen vollständig mit der Hand
verzinnt werden unter Anwendung von reinstem absolut bleifreiem
englischem Zinn. Die Hähne und Verschlußringe werden am besten
aus Rotgußmetall angefertigt; meistens läßt man dieselben ver-
nickeln.

Vielfach werden mit demselben Würzezylinder 2 oder noch mehr
Gärzylinder verbunden. Statt des Berieselungsringes ist gewöhnlich ein Kühlmantel angebracht; statt des Wasserstandrohres hat
man bei neueren Apparaten gewöhnlich nur Fensterchen; auch
diese können wegbleiben.

Das Würzequantum wird in diesem Fall gemessen, ebenso das
herausgenommene Bierquantum; auf diese Weise ist es leicht, soviel Bier herauszunehmen, daß noch 50 l im Apparat zum Aufrühren
der Hefe zurückbleiben.

Ein Apparat, bestehend aus einem Würzezylinder und zwei
Gärzylindern, wird von Franz Hemm Nachf., München, hergestellt. Die Firma hat Apparate von 2 bis 6 hl Inhalt gebaut, kann
jedoch auch noch größere Apparate liefern.

Wesentlich verschieden von obigen Apparaten sind die mit
nur einem Zylinder, welcher zugleich zum Abkühlen bzw. Sterilisieren der Würze und für die Gärung dient. Zum Aufheben der
Anstellhefe für die nächste Gärung findet sich ein eigenes Hefe-

gefäß. Der erste derartige Apparat wurde von Bergh und Jörgen-sen, Kopenhagen, konstruiert. Bei demselben steht über dem eigentlichen Würze- und Gärzylinder, mit diesem fest verbunden, ein kleinerer Zylinder, welcher zur Aufnahme der Hefe für die nächste Gärung dient.

Bei dem von Prof. P. Lindner angegebenen Apparat befindet sich das Hefegefäß neben dem Zylinder und ist nur durch Gummi-schläuche mit demselben verbunden.

Fig. 34 zeigt einen höchst einfach gebauten Apparat mit einem Zylinder und Hefegefäß, wie er sich seit 25 Jahren im Laboratorium der Lehr- und Versuchsanstalt für Brauer in München in Betrieb

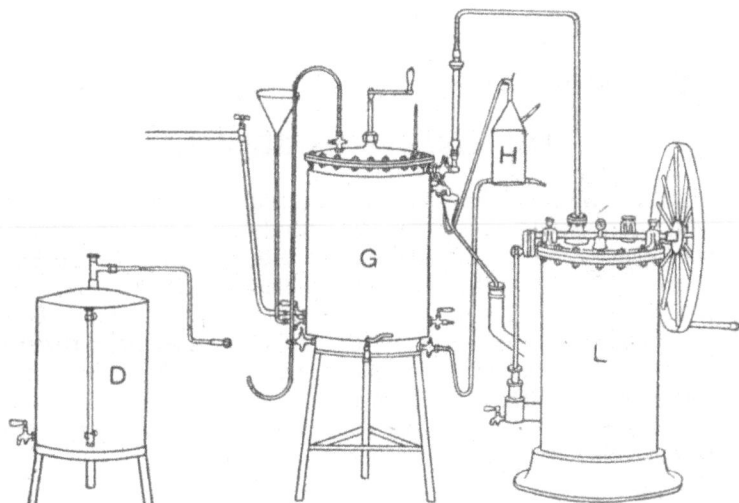

Fig. 34. Hefereinzuchtapparat der Lehr- und Versuchsanstalt für Brauer in München.
D Dampfentwickler, G Gär- oder Hauptzylinder, H Hefekolben, L Luftpumpe.

befindet. In der Mitte steht der Würze- und Gärzylinder, durch zwei Gummischläuche mit dem rechts an der Wand hängenden Hefe-kolben verbunden. An letzterem befinden sich zwei mit Schlauch und Stöpsel verschlossene Impfröhrchen: das obere zum Einführen der Reinkultur, das untere zur sterilen Entnahme von Proben. Links vom Hauptzylinder steht ein einfacher kupferner Zylinder, in welchem der zum Sterilisieren erforderliche Dampf erzeugt wird. Geheizt wird der Dampfzylinder durch vier große Gasbrenner; zum Kochen der Würze stellt man die Brenner direkt unter den Hauptzylinder. In mehreren Brauereibetrieben befinden sich solche Apparate für Dampfheizung, welche mit doppeltem Boden versehen sind. Durch den mit dem Trichterrohr verbundenen Hahn links am Hauptzylinder läuft die Flüssigkeit ab bis auf 10 l. Durch diesen Hahn wird das Bier nach der Gärung vollständig abgezogen, der

Rest (10 l) gründlich aufgerührt und hierauf 2 l in das Hefegefäß hinübergelassen, indem man dasselbe tief stellt; die Menge ist leicht nach dem Gewicht mittels einer Federwage festzustellen. Die übrigbleibenden 8 l läßt man hierauf durch den nach vorne gerichteten Hahn heraus und verwendet sie als Anstellhefe für die erste Bottichgärung. Nachdem man das Hefegefäß durch Schließen der beiden Hähne an den Gummischläuchen vollständig abgesperrt hat, kann man den Hauptzylinder mit Wasser ausspülen, wieder mit Würze füllen, sterilisieren, abkühlen und aufs neue anstellen, indem man aus dem hochgehaltenen Hefekolben die zurückbehaltenen 2 l einlaufen läßt.

VII. Mikroskopische Untersuchungen zur Betriebskontrolle.

§ 134. Während für alle chemischen Untersuchungen, auch für die der Betriebskontrolle, eingehende Vorschriften gegeben werden können, an welche sich der Arbeitende genau halten kann oder muß, ist dies nicht möglich für die biologische Betriebskontrolle. Denn bei dieser hat man es überall mit anderen äußeren und inneren Bedingungen zu tun, und die Untersuchungen beziehen sich auf Lebewesen, deren Verhalten je nach den besonderen Verhältnissen sehr verschieden ist. Man kann daher auch für die mikroskopischen Untersuchungen zur biologischen Betriebskontrolle hier nur allgemeine Winke geben.

1. Biologische Untersuchung des Wassers.

§ 135. Hierbei kommt es besonders darauf an festzustellen, wie viele Keime sich in einer bestimmten Menge Wasser finden (z. B. in einem cm^3), und zu welchen Arten diese Keime gehören; es kommen hier hauptsächlich Bakterien und wilde Hefen in Betracht.

Die Entnahme der zu untersuchenden Proben hat so zu geschehen, daß gute Durchschnittsproben erhalten werden. Ferner sollte man das Wasser an möglichst vielen Stellen untersuchen; zunächst an dem Orte der Herkunft (besonders wenn es sich um Brunnen handelt), dann auch vor Eintritt in etwaige Wasserbehälter, nach dem Austritt aus denselben und in den verschiedenen Räumen, wo es zur Verwendung kommt, also hauptsächlich in den Kellern.

Ursprünglich gutes Wasser kann durch Verunreinigung der Behälter, Leitungen, Hähne usw., sogar durch ungeeignete Filter oder Filtermassen verdorben werden. Bei der Probeentnahme ist durch sorgfältiges Reinigen der Hähne usw. von etwa anhaftenden Keimen dafür zu sorgen, daß diese nicht in das für die Untersuchung bestimmte Wasser gelangen. Auch empfiehlt es sich, das Wasser erst einige Zeit ausfließen zu lassen, da bei längerem Stehen von den Hähnen her lokale Verunreinigungen stattfinden können. Die mit den Wasserproben gefüllten Gefäße sind sofort mit einem sterilen Wattebausch, Korken oder Stöpsel sorgfältig zu verschließen. Die biologischen Untersuchungen müssen möglichst bald nach der Probenahme ausgeführt werden, da die Keime sich vermehren und so falsche Resultate sich ergeben.

Für Untersuchungen zur allgemeinen Orientierung fertigt man zunächst Gelatineplatten (§ 72) mit verschiedenen Nährböden an; gleichzeitig kann man dabei auch feststellen, wie viele Keime in 1 cm³ des zu untersuchenden Wassers vorhanden sind. Bei starkem Keimgehalt muß in entsprechender Weise verdünnt und die notwendige Berechnung angestellt werden. Selbstredend darf die Verdünnung nur mit sterilem Wasser erfolgen.

Je nach den Verhältnissen wird man dann durch eingehende Untersuchungen der betreffenden Kolonien bzw. durch Herstellung von Reinkulturen zu bestimmen suchen, zu welchen Gattungen oder Arten die Keime gehören.

Für die Plattenkulturen sind stets mehrere Nährböden zu verwenden, um den verschiedenen Typen von Bakterien möglichst günstige Bedingungen zu bieten. Ferner ist zu berücksichtigen, daß es rasch und langsam wachsende Arten gibt. Zu letzteren gehören z. B. viele Pediokokken, und diese kommen auf reich besetzten Platten somit schwer oder gar nicht zur Geltung, da sie von den rasch wachsenden Arten überwuchert werden. Entsprechend starke Verdünnung behebt diese Schwierigkeiten.

Die Untersuchungen werden etwas vereinfacht, wenn man zuerst das zu untersuchende Wasser in die Petri-Schalen gießt und dann die verflüssigte Nährgelatine hinzufügt. Durch Drehen und Neigen werden beide gut gemischt. Auf diese Weise vermeidet man auch, daß Keime an den Wandungen des Kölbchens haften bleiben und so verloren gehen.

Für die genaue Bestimmung der im Wasser vorkommenden Mikroorganismen sind vielseitige Erfahrungen und bedeutender Zeitaufwand notwendig, und der Anfänger kann nicht in kurzer Zeit derartige Fragen beantworten. Ist es unbedingt notwendig, festzustellen, welche Bakterienarten in dem Wasser vorhanden sind, so dürfte es sich empfehlen, die Proben an eine Anstalt einzusenden, welche sich speziell mit derartigen Untersuchungen beschäftigt.

Kommt es dagegen nur darauf an, ganz allgemein den Charakter der vorhandenen Keime festzustellen, so kann man das Wasser 24 Stunden oder auch mehr in einem Spitzglase oder einem mit Hahn versehenen Trichter stehen lassen. Während dieser Zeit werden die meisten Keime zu Boden sinken. Hält man das Ganze bei 33° C im Thermostaten, so wird die Anhäufung der Mikroorganismen durch ihre rasche Vermehrung begünstigt werden. Den mittlerweile entstandenen Bodensatz untersucht man dann mikroskopisch. Die Anzahl der jetzt vorhandenen Keime läßt natürlich keinen Schluß auf den ursprünglichen Keimgehalt des Wassers zu, da sich dieselben inzwischen stark vermehrt haben.

§ 136. Für Brauereizwecke vereinfachen sich die Untersuchungen insofern, als man sich im allgemeinen darauf beschränken kann, die im Wasser vorhandenen Keime darauf zu prüfen, ob sie Schädigungen in Würze und Bier hervorrufen.

Derartige Keime entwickeln sich meistens wenig günstig in oder auf festen Nährböden; daher sind Gelatineplatten für diese besonderen Zwecke njcht vorteilhaft. Man verwendet dafür besser Kölbchen mit steriler Würze oder sterilem Bier, in welche man unter Beobachtung aller Vorsichtsmaßregeln eine bestimmte Menge, meist einen Tropfen[1]) des zu untersuchenden Wassers bringt.

Damit die zur Verwendung kommende Würze oder Bier die Vorteile, welche ihnen der Säuregehalt sowie die Bitterstoffe usw. des Hopfens bieten, nicht verlieren, darf die zugefügte Menge des Wassers nicht zu groß sein. Zu 15 cm³ Würze soll höchstens $^1/_8$ cm³ und zu 15 cm³ Bier höchstens $^1/_2$ cm³ Wasser zugesetzt werden.

Solche Untersuchungen können aber nur dann ein einigermaßen zutreffendes Resultat ergeben, wenn sie in sehr großem Umfange ausgeführt werden.

Nach Hansen verwendet man für derartige Wasseruntersuchung 25 Freudenreich-Kölbchen mit je 10 cm³ steriler Würze und 25 mit sterilem Bier. In diese bringt man mit einer sterilen Pipette je einen Tropfen des zu untersuchenden Wassers. Die Kölbchen werden bei 25⁰ C gehalten und täglich beobachtet. Nach 7 Tagen kann der Versuch abgeschlossen werden. Diejenigen Kölbchen, deren Inhalt durch Mikroorganismen getrübt ist, werden gezählt und das Resultat in Prozent ausgedrückt.

Angaben über die Grenzen, wo das Wasser aufhört, gut bzw. für Brauereizwecke geeignet zu sein, lassen sich schwer machen. Es hängt dies von sehr vielen örtlichen Verhältnissen sowie von der Art und Weise des Betriebs ab. Unbrauchbar ist natürlich das Wasser, wenn sich der Inhalt einer großen Anzahl oder sogar aller Kölbchen getrübt hat.

Das Wasser ist als reich an Keimen zu betrachten, wenn die Kulturen auf Fleischwassergelatine ergeben, daß mehr als 1000, und bei Würzegelatine mehrere Hunderte von Keimen auf 1 cm³ kommen.

Es wird dann mikroskopisch festzustellen sein, welche für den Betrieb schädlichen Organismen in dem Wasser vorhanden sind; hauptsächlich wird es sich um Sarzinen und um die Erreger der verschiedenen Säuregärungen handeln. Man vergleiche in bezug auf die Einzelheiten den Abschnitt über Bakterien (§ 110 bis 114).

---

[1]) 20 Tropfen = 1 cm³.

Ferner kann man eine bestimmte kleine Menge des zu untersuchenden Wassers mit 10 Teilen steriler Würze mischen und hie-
von Tröpfchenkulturen (§ 72) anfertigen, die dann fortgesetzt mikroskopisch zu untersuchen sind. Die vorhandenen Keime bzw. die
daraus sich entwickelnden Kolonien sind zu zählen, um die entsprechenden Berechnungen in bezug auf den Keimgehalt von 1 cm³
Wasser wiederum auszuführen.

Es dürfte sich auch empfehlen, in solchen Fällen, wo schädliche
Keime im Wasser vorhanden sind, alles daran zu setzen, um festzustellen, wie und wo dieselben ins Wasser gelangen; wenn irgend
möglich, sind dann Maßregeln zu ergreifen, daß derartige Verunreinigungen nicht stattfinden.

§ 137. Quellwasser ist vor Austritt aus dem Erdreich keimfrei, wenn nicht durch besondere Umstände Verunreinigungen
vorkommen. Die verschiedenen Erdschichten wirken wie Filter
und die Keime werden daher in den obersten Schichten zurückgehalten. Geringfügige Verunreinigungen sind an der Luft oder
in Leitungen unvermeidlich. Selbst das beste Leitungswasser enthält am Orte des Verbrauchs eine geringe Anzahl von Keimen, z. B.
das Münchner Leitungswasser 10 bis 30 Keime in 1 cm³.

Wasser, welches reich an Keimen oder fremden Stoffen ist,
hauptsächlich wenn es aus Flüssen, Seen, Teichen usw. stammt,
und ganz besonders wenn die Keime sich als schädlich im Betrieb
erwiesen haben, muß filtriert werden. Hiefür gibt es die verschiedensten Einrichtungen; man verwendet zum Filtrieren im großen
Maßstabe (z. B. auch für das Leitungswasser vieler Städte) Sand,
Kies, Holzkohle usw. Für kleinere Verhältnisse oder besondere
Zwecke, z. B. für Hefewaschwasser, eignen sich auch Berkefeld-
Filter (vgl. § 68).

Das Wasser offener Brunnen, der Flüsse, Seen usw. enthält außer
Bakterien oft auch große Mengen anderer Lebewesen. Dieselben sind teils
schon mit bloßem Auge sichtbar, teils nur mit dem Mikroskop zu erkennen.
Von Pflanzen kommen hiefür besonders Algen in Betracht, welche durch
ihre meist grüne Färbung auffallen; es gibt aber auch Algen mit gelb-
lichem und bläulichem Zellinhalt. Sie sind bald einzellige Organismen und
zeigen häufig sehr zierliche Formen, bald bilden sie einfache oder verzweigte Zellfäden, seltener Zellflächen. Manche der mikroskopisch kleinen
Algen sind durch Eigenbewegung ausgezeichnet.

Sehr zahlreich und äußerst vielgestaltig sind die Tiere, welche im
Wasser leben, ganz besonders die mikroskopisch kleinen Formen.

Die biologischen Untersuchungen dürften in manchen Fällen auch auf
das Eis auszudehnen sein. Im allgemeinen gehen 90 % der Keime zugrunde beim Gefrieren des Wassers. Von denen, welche so niederen Temperaturen widerstehen, können manche bis 6 Monate im Eise lebend bleiben.
Der kristallklare Teil des Eises enthält stets weniger Keime als der weißliche innere Teil. In heißen Ländern, wo das Eis vielfach zur direkten
Kühlung der Getränke verwendet wird, muß das zu seiner Herstellung
verwendete Wasser möglichst arm an Keimen sein.

2. Biologische Untersuchung der Luft.

§ 138. Sehr viele im Betriebe schädliche Mikroorganismen stammen aus der Luft. Deshalb ist es von großer praktischer Bedeutung, von Zeit zu Zeit die Luft an verschiedenen Orten der Brauerei auf ihren Keimgehalt zu untersuchen, und zwar besonders dort, wo die Infektionen am gefährlichsten werden können: im Kühlschiffraum, im Gär- und Lagerkeller.

Es ist aber nicht leicht, sich eine richtige Vorstellung von dem Keimgehalt der Luft zu verschaffen. Nur zahlreiche und planmäßig wiederholte Untersuchungen können guten Erfolg haben. Dieselben sind daher fortgesetzt auszuführen, ganz besonders dann, wenn man festgestellt hat, daß Mikroorganismen die Ursache von Störungen im Betriebe sind.

§ 139. Um zu ermitteln, was für Keime in der Luft vorkommen, also für **qualitative** Untersuchungen, verwendet man verschiedene Gefäße mit den verschiedenartigsten Nährböden.

Für Brauereizwecke kommen hiefür in erster Linie **Würze** und **Bier** in Betracht, da auch hier, ebenso wie für die Untersuchungen des Wassers, nur solche Mikroorganismen praktische Bedeutung haben, welche sich in Würze und Bier entwickeln können, hauptsächlich also wilde Hefen (§ 94) und Schädigungen herbeiführende Bakterien (§ 110 bis 114). Man kann auch Fleischwasser, Hefewasser usw. mit und ohne Gelatine sowie Agar verwenden, um auch diejenigen Arten näher kennen zu lernen, die auf diesen Nährböden gut gedeihen. Für Bier und Würze sind am vorteilhaftesten Zylindergläser, Flaschen oder Kolben mit weiten Mündungen, für feste Nährböden dagegen Petri-Schalen, und zwar sind für diese Zwecke solche von größerem Durchmesser sehr geeignet. Sämtliche Gebrauchsgegenstände und Nährböden müssen völlig keimfrei sein, und alle Arbeiten sind unter Beobachtung der nötigen Vorsichtsmaßregeln in bezug auf Verunreinigung von außen her auszuführen.

Die Gefäße werden in größerer Anzahl an den betreffenden Stellen der Brauerei und in den verschiedenen Höhen in jedem Raume unter möglichster Vermeidung von Luftzug aufgestellt. Je nach dem Keimgehalt der Luft werden die Gefäße längere oder kürzere Zeit offen gelassen, wenn nötig bis zu einer Stunde, und dann vorsichtig mit einem sterilen Kautschukstopfen oder mit einem Wattebausch verschlossen bzw. die Petri-Schalen zugedeckt. Man muß auch hier beachten, daß nicht zu viele Keime in ein Gefäß kommen, da sich besonders bei Gelatineplatten die sich entwickelnden Kolonien sonst nicht normal ausbilden können und die genauere Untersuchung, das Zählen usw. sehr erschwert werden.

Anderseits kann man auch **leere** (selbstredend sterile) Gefäße oder Schalen aufstellen und in dieselben erst nachher die betreffenden Nährböden bringen. Bei Standgläsern müssen dann auch die Wände mit Nährgelatine bedeckt werden. Diese Untersuchungsmethode ist wiederum für die anaeroben Arten günstiger, weil diese schwer oder gar nicht sich auf der Oberfläche der Nährböden, besonders der festen, entwickeln.

Die keimsicher verschlossenen Gefäße werden entweder bei Zimmertemperatur oder im Thermostaten bei 25⁰ C gehalten. Man verfolgt aufmerksam mit bloßem Auge und unter dem Mikroskop das Verhalten der sich im Laufe der nächsten Tage entwickelnden Kolonien. Eine sichere Bestimmung der verschiedenen Arten ist in der Mehrzahl der Fälle nur durch Reinkulturen und durch eingehende mikroskopische Untersuchungen möglich (vgl. § 135).

§ 140. Handelt es sich darum, quantitative Untersuchungen zu machen, d. h. festzustellen, wie viele Keime in einer bestimmten Menge von Luft enthalten sind, so bedient man sich besonderer Apparate, z. B. der Straußschen Flasche (Fig. 35), welche ähnlich wie eine Gaswaschflasche beschaffen ist. In derselben befindet sich eine bestimmte Menge (z. B. 50 cm³) sterilen Wassers, und durch dieses werden vermittelst eines Aspirators 10 l Luft durchgesaugt. Einen kleinen Teil dieses nun die Keime enthaltenden Wassers behandelt man in der in § 135 für die Untersuchung des Wassers angegebenen Weise.

Auf demselben Prinzip wie die Straußsche Flasche beruht auch die Miquels- Flasche, welche aber den Vorteil hat, daß sie einen flachen Boden hat und somit hingestellt werden kann.

§ 141. Im Durchschnitt sind in der Luft in der freien Natur wenig lebende Keime; bei ruhiger Luft und nach Regen nimmt ihr Keimgehalt ab, bei stärkerer Bewegung, z. B. schon durch das Straßenkehren, nimmt er sehr zu; besonders groß ist der Keimgehalt

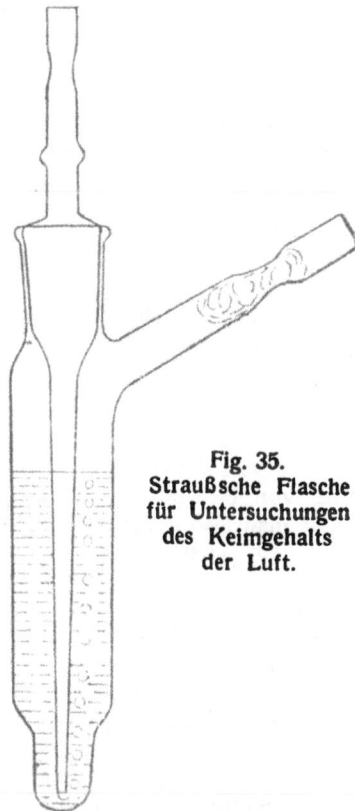

Fig. 35.
Straußsche Flasche
für Untersuchungen
des Keimgehalts
der Luft.

in den staubreichen Straßen einer Großstadt. Mit der Höhe der Luftschichten nimmt die Zahl der Keime ab; auf hohen Bergen pflegt, sofern nicht besondere lokale Verunreinigungen vorliegen, die Luft sehr arm an Keimen zu sein.

Ein wichtiger Herd für die Entwicklung der Mikroorganismen ist der Straßenstaub. 1 g desselben enthält 24000 bis 2 Millionen

Keime, und es sind darin bis zu 17 verschiedene Bakterienarten sowie Sporen von Schimmelpilzen gefunden worden. Werden die Straßen regelmäßig gesprengt, so ist die Entwicklung der Bakterien ganz besonders üppig.

Die am häufigsten in der Luft vorkommenden Keime sind die der Schimmelpilze, der Bakterien (besonders des Heupilzes, der Säureerreger) und verschiedener Sproßpilze. Die Jahreszeiten, die örtlichen Verhältnisse, die vorherrschende Windrichtung usw. haben auf die Zusammensetzung des Keimgehaltes der Luft großen Einfluß. Wie schon erwähnt, treten wilde Hefen in der Luft am häufigsten im Herbst, also zur Zeit der Fruchtreife, und zur Zeit der Bearbeitung des Erdbodens auf (vgl. § 94). Besondere Gefahren bieten alle Unreinlichkeiten in der Umgebung der -Brauerei, und daher soll man alle Abfälle so rasch und gründlich als möglich beseitigen wie überhaupt auf allgemeine Sauberkeit bis aufs äußerste halten. Sehr reich an Mikroorganismen ist der Mälzereistaub.

3. Mikroskopische Untersuchung der Betriebshefe.

§ 142. Bei Untersuchung der Betriebshefe ist es vielfach von Bedeutung, zu ermitteln, ob dieselbe eine verhältnismäßig große Zahl von toten Zellen enthält, was man vermittelst Methylenblaulösung (1 : 10000) ermitteln kann, wie wir in § 18 kennen gelernt haben. Tote Zellen nehmen diesen Farbstoff rasch auf und färben sich daher blau, was bei den lebenden nicht der Fall ist.

§ 143. In manchen Fällen ist es von Interesse, die Anzahl der Hefezellen für eine bestimmte Menge gärender Würze festzustellen. Dies ist nicht unmittelbar möglich, sondern man bedarf dazu besonderer Vorrichtungen, sogenannter Hefezählapparate, deren es verschiedene gibt. Dieselben beruhen darauf, kleine Quadrate von bestimmter Höhe und Seitenlänge zu schaffen, deren Inhalt man also leicht berechnen kann. Zu diesem Zwecke wird ein mit einem kreisförmigen oder viereckigen Ausschnitt, der Zählkammer, versehenes Deckglas auf einen Objektträger gekittet und die Höhe der Zählkammer mit geeigneten Apparaten genau festgestellt. Auf dem Objektträger sind die entsprechenden Angaben eingeätzt. Die Quadrate werden durch Einätzung von Linien in bestimmten Zwischenräumen hergestellt. Die Quadrate finden sich entweder auf dem Grunde der Zählkammer, also auf dem Objektträger, oder auf einem Deckglase oder auf einer besonderen Glasplatte, die über dieses Deckglas gelegt wird. Ferner gehört eine kleine Pipette mit umgebogener Spitze und Gummikappe zu dem Apparat.

Um die Hefezellen zu zählen, muß eine gute Durchschnittsprobe (z. B. 50 cm³) entnommen werden. Diese wird mit sterilem Wasser verdünnt (z. B. im Verhältnis von 1 : 200) und gut durchgeschüttelt. Ein Tropfen der Verdünnung wird dann mit der Pipette in die Zählkammer auf den Objektträger gebracht. Dieser Tropfen muß gerade so groß sein, daß er den Raum der Zählkammer ausfüllt, aber nicht über den Rand tritt; bei einiger Übung gelingt dies meist sogleich. Ist es nicht geglückt, so muß die Sache wiederholt werden. Dann legt man das geschliffene Deckglas bzw. die mit den Quadraten versehene Glasplatte darüber, bringt das Ganze unter das Mikroskop bei etwa 100facher Vergrößerung und zählt der Reihe nach in einer größeren Anzahl von Quadraten, z. B. in 25, die vorhandenen Hefezellen, deren Summe etwa 500 beträgt, also in jedem Quadrat im Durchschnitt 20 Hefezellen.

Jedes Quadrat hat eine Seitenlänge von 1 mm, daher eine Fläche von 1 mm². Die Höhe der Zählkammer beträgt 0,14 mm, daher entspricht jedes Quadrat einem Würfel von $0,14 \times 1 = 0,14$ mm³ und enthält in unserem Falle etwa 20 Hefezellen im Durchschnitt.

1 mm³ der Verdünnung enthält also $\dfrac{20 \times 1}{0,14} = 143$ Hefezellen,

1 mm³ der unverdünnten Würze $= 143 \times 200 = 28600$ Hefezellen.

Eine planmäßig durchgeführte Zählung gärender Würzen vom Beginn bis zum Schluß der Hauptgärung hat folgende Zahlen für 1 mm³ ergeben (vgl. Jahresbericht der Anstalt 1896/97):

	10 Std. nach dem Anstellen	24 Std. später	24 Std. später	24 Std. später	24 Std. später	24 Std. später	24 Std. später
Bottich I:	13070	17070	22000	30800	22000	10000	3000
Bottich II:	12570	17860	24200	32800	23000	10800	2900

§ 144. Um sich zunächst ein allgemeines Urteil über die Natur der in der Betriebshefe vorkommenden fremden Mikroorganismen zu verschaffen, sind bei derartigen wie bei den meisten Untersuchungen zur biologischen Betriebskontrolle eine größere Anzahl von Tröpfchenkulturen und Gelatineplatten mit verschiedenen Nährböden anzufertigen. In den meisten Fällen werden die hiedurch gewonnenen Resultate, die in verhältnismäßig kurzer Zeit zu erhalten sind, wichtige Aufschlüsse geben.

Wie früher wiederholt (besonders in § 122) hervorgehoben wurde, besteht die Betriebshefe, wenn es sich nicht um Reinhefe handelt, meist aus verschiedenen Rassen, von denen aber eine die vorherrschende ist und dem Bier seine charakteristischen Eigenschaften verleiht. Diese verschiedenen Rassen unter dem Mikroskop zu unterscheiden ist im allgemeinen nicht möglich, da die Zellform keine genügenden Unterscheidungsmerkmale bildet.

Ebenso ist nach dem mikroskopischen Aussehen nicht mit Sicherheit zu sagen, ob gewisse Zellen einer wilden Hefe angehören oder nicht. In vielen Fällen sind die letzteren zwar mehr länglich oder wurstförmig; ein endgültiges Urteil aber ist erst nach dem Verhalten in Tröpfchenkulturen und besonders nach dem Aussehen der Sporen möglich (vgl. § 89).

Im allgemeinen bleiben die wilden Hefen länger in der Flüssigkeit schwebend als die Kulturhefen. Gießt man daher den Inhalt einer Würzekultur ab, so wird der größte Teil der wilden Hefen

in der Flüssigkeit enthalten sein, während die Hauptmasse der Kulturhefen im Bodensatz zurückbleibt. Durch wiederholtes Abgießen
und Auffrischen der Kulturen werden die wilden Hefen immer
übergeimpft und kommen so reichlicher zur Entwicklung als die
Kulturhefen. Schließlich wird man auch einen genügend starken
Bodensatz von wilden Hefen zur Herstellung von Gipsblockkulturen
(§ 85) erhalten.

Um die Entwicklung von wilden Hefen zu begünstigen, bringt
man einen Teil des Bodensatzes der zu untersuchenden Kultur
in ein Freudenreich-Kölbchen, das bis zur Hälfte mit 10%iger
Rohrzuckerlösung, welche 4% Weinsäure enthält, gefüllt ist. In
dieser Nährflüssigkeit entwickeln sich die wilden Hefen günstig,
während das Wachstum der Kulturhefe fast vollkommen gehemmt
wird. Wir haben hier also auch einen Fall von physiologischer Reinzucht (§ 116).

Das Kölbchen wird 24 Stunden bei 25° C gehalten und das
Verfahren zweimal nach je 24 Stunden wiederholt. Einen Teil des
letzten Kölbchens impft man dann in ein Gefäß mit steriler Würze
über, läßt wieder 24 Stunden bei 25° C stehen und verwendet den
dann vorhandenen Bodensatz zu einer Gipsblockkultur, um an der
Hand der Sporen festzustellen, ob wilde Hefen vorhanden sind.

§ 145. Außer auf wilde Hefe ist bei den Untersuchungen der
Betriebshefe auf das Vorhandensein von Bakterien, und zwar besonders von Pediokokken (Sarzinen) und Essigsäurebakterien zu
achten. Größere Mengen von Bakterien können durch direkte mikroskopische Untersuchungen festgestellt werden. Treten dieselben
dagegen nur in geringer Anzahl auf, so müssen entweder zahlreiche
Präparate angefertigt werden, oder es sind Kulturmethoden anzuwenden, durch welche die betreffenden Bakterien in ihrer Entwicklung begünstigt werden (vgl. § 110).

Für die Anhäufung der Pediokokken ist ein Vaselineinschlußpräparat mit der von Bettges und Heller angegebenen Nährlösung
besonders geeignet. Pediokokken treten besonders stark in schlecht
verzuckerten Würzen auf, und auch ungehopfte Würze ist für ihre
Entwicklung günstig. Diese Tatsachen bildeten für Bettges und Heller
die Grundlage bei der Darstellung der erwähnten Nährlösung,
welche hauptsächlich aus einem endvergorenen kleistertrüben
neutralen Bier und ungehopfter Würze hergestellt wird. In bezug
auf die Einzelheiten sei auf die eingehenden Angaben in der Wochen-
schrift für Brauerei 1906, S. 69, und 1907, S. 349, verwiesen. Nach
Herstellung des Präparates legt man um das Deckglas einen Ring
von Vaselin, indem man dieses nach Erwärmen mit dem Pinsel
aufträgt. Dadurch wird die für die Entwicklung dieser Bakterien
unnötige Luft ferngehalten.

Vielfach wird auch für solche Präparate ammoniakalisches
Hefewasser sowie Hefewasser oder ungehopfte Würze mit und ohne
Gelatine verwendet.

Man kann auch einen Teil des Bodensatzes der zu untersuchenden Flüssigkeit in Freudenreich-Kölbchen überimpfen, welche steriles Bier oder eine der anderen erwähnten Nährlösungen enthalten, und die Kölbchen dann im Thermostaten bei 25° C halten. Meist haben sich die Sarzinen in einigen Tagen so stark vermehrt, daß sie bei Untersuchungen mit starker Vergrößerung sicher erkannt werden können.

Da die Essigsäurebakterien (§ 111) aerob sind, muß man, um ihre Entwicklung zu befördern, möglichst große Oberflächen schaffen, so daß sie also reichlich mit der Luft in Berührung kommen können. Schalen und nicht zu enge Kolben sind daher für diese Zwecke die geeignetsten Gefäße.

Bei allen mikroskopischen Untersuchungen auf Bakterien empfiehlt es sich, auf dem Objektträger der zu untersuchenden Flüssigkeit einen Tropfen 10%iger Natron- oder Kalilauge zuzusetzen, wodurch die vorhandenen Eiweißteilchen, welche Bakterien oft ähnlich sehen oder den Bakterien anhaften, aufgelöst werden. (Vgl. auch § 108.)

4. Mikroskopische Untersuchung von Würze und Bier.

§ 146. Im großen und ganzen sind für diese Untersuchungen dieselben Methoden anzuwenden wie bei denen der Hefe, nur daß man hier meist in noch größerem Maßstabe zu Mitteln greifen muß, welche die Anhäufung der Mikroorganismen begünstigen, da vielfach die direkte mikroskopische Prüfung nicht zum Ziele führt. Tröpfchenkulturen und Gelatineplatten dienen auch hier als erste und beste Arbeitsmethoden.

Um festzustellen, in welchem Maße sich schädliche Keime in der Würze finden, füllt man an verschiedenen Stellen vom Kühlschiff bis zum Gärbottich Proben in sterile Flaschen oder Kolben, die mit einem Wattebausch verschlossen und zur Beobachtung in bezug auf ihre Haltbarkeit bei 25° C gehalten werden. Treten Gärungserscheinungen bereits nach 24 Stunden in den Proben auf, so ist nach Schifferer die Infektion eine sehr starke, und die Beschaffenheit solcher Würze wird als „schlecht" bezeichnet. Als „befriedigend" bezeichnet man sie, wenn Gärung erst nach 36 bis 48 Stunden eintritt; als „gut", wenn dies erst nach 60 bis 72 und als „sehr gut", wenn es nach 96 oder mehr Stunden der Fall ist. Durch mikroskopische Untersuchungen ist zu ermitteln, welche Organismen die Ursache der Gärung sind.

Besondere Aufmerksamkeit ist dem Faßgeläger zuzuwenden, da die krankheiterregenden Keime sich hier in größeren Mengen anhäufen.

Von Wichtigkeit ist ferner die Haltbarkeitsprobe. Hiezu verwendet man sterile verschieden große Flaschen mit Patentverschluß. Proben, welche aus dem Gärbottich und Lagerfaß entnommen werden, müssen, bis die Gärung beendet ist, mit einem sterilen

Wattebausch verschlossen werden. Fertiges Bier wird sofort fest
verschlossen. Bei gewöhnlichen Flaschen verwendet man sterile
Korken. Ein Teil der Proben wird im Thermostaten gehalten, bis
Trübung in denselben eintritt. Ist Bottichbier nach etwa 20 Tagen,
fertiges Bier nach 10 Tagen nicht getrübt, so werden sie geöffnet
und auf Geruch und Geschmack geprüft; sowohl die Flüssigkeit
wie ganz besonders der Bodensatz sind mikroskopisch zu untersuchen.
Einige Proben sind auch bei Zimmertemperatur und andere dem Licht
ausgesetzt längere Zeit zu halten. Von größeren Sendungen, welche
nach auswärts gehen, sind stets einige Proben bei Zimmertemperatur
aufzubewahren, um bei etwaiger Beanstandung zur Untersuchung
zu dienen.

5. Kontrolle des Hefereinzuchtapparates.

§ 147. Bei richtiger Bauart und sorgfältiger ·Handhabung
des Hefereinzuchtapparates dürfen Verunreinigungen nicht· vorkommen. Dennoch empfiehlt es sich, von Zeit zu Zeit den Inhalt
desselben mikroskopisch zu prüfen auf Anwesenheit von fremden
Organismen, und zwar kommen auch hier besonders wilde Hefen
und Sarzinen, vielleicht auch gelegentlich andere Bakterien in Betracht. Die Probe wird unter Beobachtung aller Vorsichtsmaßregeln
beim Abzugshahn in ein steriles Hansen-Kölbchen oder in einen
Pasteur-Kolben (vgl. § 123) entnommen. Die Untersuchungen sind
in derselben Weise wie bei der Hefe auszuführen. Hat sich gezeigt,
daß der Hefereinzuchtapparat verunreinigt ist, so ist derselbe vollständig zu entleeren, zu sterilisieren und eine neue Reinzucht in
denselben einzuführen.

Bei dem Hefereinzuchtapparat der Lehr- und Versuchsanstalt
für Brauer in München (vgl. § 133) bleibt immer etwas Hefe und
Flüssigkeit im Hefekolben. Etwaige Verunreinigungen hätten,
während sich die Gärung im Gärzylinder vollzieht, Gelegenheit,
sich bei der Zimmertemperatur reichlich zu entwickeln. Entnimmt
man vor dem nächsten Anstellen eine Probe aus dem Hefekolben
und untersucht dieselbe in der üblichen Weise, so werden fremde
Mikroorganismen leicht festzustellen sein.

6. Kontrolle der Leitungen, Apparate, Gefäße, Gerätschaften usw.

§ 148. Alle Gerätschaften usw., welche mit Würze bzw. Bier
in Berührung kommen, müssen beständig in bezug auf Sauberkeit kontrolliert werden. In Fugen und Spalten können Mikroorganismen sich leicht festsetzen und, je nach den Verhältnissen,
der üblichen Reinigung widerstehen oder entgehen. Sie können
dann gelegentlich in Würze oder Bier gelangen und, wenn es Keime
schädlicher Natur sind, Bierkrankheiten hervorrufen. Man muß
daher überall, wo man irgendwelche Reste in Gerätschaften, ganz

besonders in den Leitungen, findet, Proben davon entnehmen und sorgfältig mikroskopisch untersuchen. Falls mechanische Reinigung mit neuen Bürsten und heißem Wasser nicht zur gründlichen Beseitigung solcher äußerst gefährlichen Infektionsherde ausreicht, so müssen Sterilisations- oder Desinfektionsmittel angewendet werden, und zwar besonders Kalk, Soda, schweflige Säure und bei Metalleitungen hauptsächlich Dampf.

Vor und nach dem Passieren der Leitungen, Apparate, z. B. auch der Filter, sind Proben von den betreffenden Flüssigkeiten zu entnehmen. Sie sind in bezug auf ihre Haltbarkeit zu prüfen sowie auch davon Tröpfchenkulturen und Gelatineplatten anzufertigen. Es wird sich dann zeigen, ob die Flüssigkeiten beim Austritt aus den Leitungen usw. sich in bezug auf den Keimgehalt ebenso verhalten wie beim Eintritt in dieselben oder reicher an Keimen sind.

Die mikroskopischen Untersuchungen der Filtermasse sind in § 54 beschrieben.

Sachregister.

Die Zahlen bezeichnen die Sciten.

VERLAG VON R. OLDENBOURG IN MÜNCHEN U. BERLIN

Anleitung zur biologischen Untersuchung und Begutachtung von Bierwürze, Bierhefe, Bier- und Brauwasser, zur Betriebskontrolle sowie zur Hefenreinzucht

Für Brauerei-Betriebsmeister, Betriebskontrolleure, Brauer- und Nahrungsmittelchemiker

Von

Professor Dr. H. Will

Vorsteher des physiologischen Laboratoriums der Wissenschaftlichen Station für Brauerei in München

(Oldenbourgs Technische Handbibliothek. Bd. X)

XVIII u. 482 Seiten. 8⁰. Mit 84 Abbildungen und 3 Tafeln
In Leinwand gebunden. Preis (unverbindlich) M. 19.20

Aus dem Inhaltsverzeichnis:

Aus den Besprechungen:

„Wohl jeder, der mit biologischen Untersuchungen in Brauereibetrieben betraut ist, wird dies neu erschienene Werk mit Freuden begrüßen. Stellt es doch eine reiche Sammlung und die Erfahrungen eines seit einer langen Reihe von Jahren mitten in diesem umfangreichen Arbeitsgebiete stehenden Fachmannes dar. Das Buch hat vor anderen auf biologischem Gebiete erschienenen Werken den Vorzug, daß durch engere Begrenzung der gestellten Aufgabe intensiver auf die biologische Betriebskontrolle und die Hefenreinzucht eingegangen werden konnte." Bayer. Brauer-Journal.

„Das Werk bietet eine fast unerschöpfliche Fundgrube und kann als unentbehrliches Handbuch für jeden Brauereichemiker bezeichnet werden." Brautechnische Rundschau.

www.ingramcontent.com/pod-product-compliance
Lightning Source LLC
Chambersburg PA
CBHW031446180326
41458CB00002B/665